生命科学

无尽的前沿

THE

AGE OF

LIVING

MACHINES

〔美〕苏珊·霍克菲尔德（Susan Hockfield）　著

高天羽　译

湖南科学技术出版社　博集天卷 CS-BOOKY

本书献给汤姆和伊丽莎白，感谢他们始终给我耐心、智慧和爱

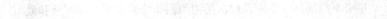

目录

Contents

前言

Prologue

过去有二十年时间，我曾在耶鲁大学担任院长和教务长，后来任麻省理工学院（MIT）校长，现在则任名誉校长。这些年来，我有幸眺望科学的前沿，看见的景象令我心潮澎湃。以生物学为基础的工具正逐渐问世，每一件都显得巧妙而强大：能自行组装成电池的病毒，能净化水源的蛋白质，能侦察并消灭癌症的纳米颗粒，能读懂意识指令的假肢，还有能增加作物产量的计算机系统。

这些新技术也许听起来如同科幻故事，但它们都是现实。其中的好几种已经发展得相当成熟，而且每一种都来自相同的源头：生物学和工程学的革命性融合[1]。这本书讲的就是这场融合的故事——非凡的科学发现如何让两条距离遥远的道路汇作一条，开拓性的研究者们又如何利用这场融合发明工具和技术，最终改变我们在这个世纪的生活方式。

我们需要新的工具和技术。今天的世界约有76亿人口[2]，预计到2050年将超过95亿。为了产生足够的电力，向目前的人口提供燃料，满足人们取暖和制冷的需要，我们已经向大气中排放了大量二氧化碳，这些二氧化碳足以改变未来几百年的地球气候，而眼下，我们正力图扭转这个结果[3]。温度和海平面正在上升[4]，很多人正为干旱、饥荒和耐药性疾病所折磨。单是将手头的工具和技术升级，并不足以应付我们在全世界面临的骇人挑战。我们要如何生产更充裕也更清洁的能源，制造充足的洁净饮用水，以低廉的成本开发更有效的药物，使残疾人恢复行动能力，在不破坏全球生态平衡的情况下生产更多粮食？对于这些难题，我们需要新的方案。如果失败，我们必将迎来动乱的时代。

　　我们曾经克服过同样惨淡的前景。1798年，英国教士、经济学家和人口学家托马斯·罗伯特·马尔萨斯（Thomas Robert Malthus）[5]指出，人口增长的速度必然超过粮食增产的速度。从这个分析出发，他警告说人类的下场只有一种：大范围的饥荒、战争和疾病。马尔萨斯宣称，这些灾难将遏制人口增长，但代价是大批人的死亡。"人口的巨大力量，只有靠痛苦或恶行才能阻止。"他写道。

　　但是马尔萨斯错了。在他那个时代，农民已经开始采用新技术，包括采用四圃式轮栽制，以及使用新型肥料。这些新技术让局面产生了根本性变化，它们增加了土地的产量，将更多粮食送入市场。因为粮食增产，英国人口的增长速度超过了马尔萨斯的预测[6]，也由此满足了工业革命对劳力的需求。19世纪这场由技术驱动的农业革命[7]，促成了一个充满创新和经济成长的新时代的到来。

今天的我们也走到了一个类似的关口。我们面临严重的问题，其后果可能是灾难性的。如果不加阻止，它们会给地球上许多地方带来痛苦和毁灭，而且我们并没有解决它们的手段——目前还没有。不过，当我眺望科学前沿，我看到的却是一个出人意料的光明未来，生物学和工程学正以先前不可想象的方式融合[8]，很快，这场融合就能为那些最显著、看起来也最棘手的问题提供答案。我们即将进入一个前所未有的革新和繁荣的时代，前景是美好的，也是使人无比振奋的。

第一章

未来从何而来？

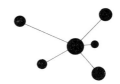

2004年8月26日清晨，在MIT董事会的一次会议上[1]，我被推选为学院第十六任校长。我的当选使不少观察员感到意外，许多人指出：我是担任这个职务的第一位女性——相比我的十五位男性前任，这是一个重大改变。也有人指出了或许更令人意外的一点：我是一名生物学家。在整个研究生阶段和科研生涯中，我始终致力于理解人脑在物理、化学和结构上的发育。MIT并不以这些研究闻名，也从没有哪个生命科学家做过这所学院的校长。

在我上任时，MIT享有世界一流工科学院的声誉，有着国际知名的物理学、化学、数学和计算机科学院系。基于最初的建校宗旨——"将想法化为行动"（ideas into action），学院长久以来与产业界合作，将校园科学发现转化为可以应用和市场化的技术。MIT的教员和校友成立了许多公司，包括英特尔、亚德诺半导体、惠普、高通、台积电和博士。提到MIT，人们想起的都是这一类成就：工程界和物理界的划时代产品，在20世纪电子和数码产业的爆炸性发展中，它们帮助美国成为世界领袖。

这也是对我的任命使人意外的原因：意料之中的人选应该是一位工程师或计算机科学家、一位物理学家或数学家。但事实上，自二战结束，MIT就一直致力于新兴的分子生物学（molecular biology）领域。到我上任时，MIT的生物系已经在世界顶尖的生物系科中占据了一席之地。生物系的一些教员因为各自的发现赢得了诺贝尔奖，有几位还参与成立了世界一流的生物科技公司。

因其在工程学和生物学方面的双重优势，新型合作开始了。我甫一上任，工程学院的院长就向我报告[2]，说学校的近400名工科教员中，有三分之一正在研究中使用生物学工具。学院认为，这种不同学科的融合能开辟令人振奋的新道路，并继续在21世纪将想法化为行动。从这样的背景来看，对我的任命就说得通了：借此机会，学校可以促进生物学和工程学的融合，不仅在校园中，也在国际学界和产业界。

对这个领导MIT的机会，我不免认真考虑了一番。当时我还在耶鲁大学做教务长，负责理科、医科和工科的扩张，我很喜欢这份工作。这个扩张计划的一个核心主题就是重新设计各个科系及其所使用的建筑，以促进跨学科研究。我对增加跨学科研究机会的热情引起了MIT校长人选委员会的注意，他们意识到这种不同学科的融合能为将来创造几近无限的可能。

这能成功吗？会成功吗？在两所截然不同的高校之间调动风险很

高，对我、对MIT都是如此。但是在某种意义上，又可以说我一辈子都在为这份新工作做准备。于是我接下了任命，踏上了一段通向新领域、新观念和新责任的精彩旅程。

∞

我向来喜欢研究事物运行的原理，在这方面从不知足。我也一直很喜欢把东西都拆开，以满足这份好奇。我很小的时候就开始拆卸各种物件，那时我压根不知道自己想当个科学家。在好奇心的驱使下，我把各种物件拆成零件，并学习这些零件是如何组装成物件并赋予其功能的。看到我父亲似乎能修好家里的一切，我便壮起胆子拆掉了母亲的熨斗和吸尘器。我还拆了我最爱的一只手表，观察它的主发条和细小的齿轮——结果主发条松开时将手表里的零件从我手上弹了出去，散落成一摊，无法复原了。我也把好奇心带到了户外：我解剖了花园里的水仙花，还有刚抽出几枝嫩芽的橡子。

拆开一只熨斗后，我能很快明白它的原理，但水仙花如何开放、橡树如何发芽却没那么容易搞清楚。水仙花的绿色花苞里怎么会长出明黄色的花瓣？它们为什么是黄色而不是红色？橡子里有什么东西，为什么会突然生出一根细枝？生物的奥秘从一开始就令我着迷，它们的主发条和齿轮是什么？

后来，儿时将物体拆开的热情变成了我一生的工作。等我到了可以做科学家的年纪，我有幸在生物学的两场大革命中度过了成长岁月。第一场革命是分子生物学，它揭示了构成一切生物的基本单元；第二场是基因组学（Genomics），它为分子生物学提供了其所必需的细小尺度，以识别出导致疾病的基因，并在不同的群体和物种中追踪它们。

这两场生物学革命的重要意义怎么强调也不为过。分子生物学诞生于20世纪40年代末到50年代初，当时有一群科学家（其中许多出身物理学）运用一系列新技术（其中许多脱始于二战中开发的技术），在更新、更细致的层面上描绘了生物学机制[3]。他们将人类对生物学的理解推进到了单个分子的水平，"分子"生物学的名字由此产生。其中有几位名人，如詹姆斯·沃森、弗朗西斯·克里克、莫里斯·威尔金斯和罗莎琳德·富兰克林[4]，他们用先进的X射线衍射技术确定了DNA的结构。这一发现开辟了广阔的新天地，从此，科学家得以在细胞的"硬件"层面上理解生物学——这里的硬件指的是DNA、RNA和蛋白这些构成所有生物的基本单元。随着时间推移，他们用新开发的工具探测了健康细胞内部的运作方式，并让我们更好地了解在疾病中是哪些环节出了错。在这个过程中，他们还成立了几家颇具影响力的生物技术公司，包括基因泰克、渤健和安进。这些公司开发了针对癌症、多发性硬化和肝炎的疗法，由此挽救了无数生命，创造了成千上万个工作岗位，也显著促进了我们的经济增长。

如果说分子生物学实现了对细胞硬件的研究，那么下一场生物学革命——基因组学——则实现了对细胞"软件"的研究。所谓软件，就是对每个活物下达指令的代码。在先进的计算机技术的帮助下，基因组学已经绘制出了人类基因组的一幅地图[5]，它还创造了一套工具，能对地球上所有物种的DNA和RNA序列开展高精度的分析。因为掌握了基因测序技术，并能用基因组数据分析和比较数千个个体的基因组信息，科学家得以揭示许多疾病复杂的、多方面的遗传学基础。由此，生物医药行业开始根据每个病人独有的遗传构成和疾病亚型开发新的疗法，使我们得以针对个别疾病开展个性化治疗。研究者还利用这些工具来研究动物和植物，还为人类最紧迫的一些工业和社会难题找出了对策（我们将在后面几章谈到）。

我本科学的就是生物学，但当时分子生物学和基因组学还没有完全渗透进这门学科。念研究生时，我决定专攻神经解剖学，研究脑的回路及其发育。脑的构造之美使我陶醉。运用当时最先进的技术，我观察了神经细胞和它们之间的精巧复杂的联系。我探索了这些细胞如何在发育过程中自行组装成高度有序的模式，从而赋予我们看、听、思考和做梦的能力。我还研究了幼时经历会如何永久改变脑的结构和生物化学属性。即便如此，我的目光还是无法突破细胞结构的层次，抵达更基本的生物学单元，即维持脑部机能的蛋白质和其他分子。当时分子生物学尚未进入神经科学领域。

念完博士后不久，我十分幸运地进入了冷泉港实验室继续研究，招募我的正是DNA结构的发现者之一，詹姆斯·沃森。在冷泉港，我了解了其他领域的生物学家如何用分子生物学揭示基因对生物活动的指导，一切动物植物莫不如此。无论是流感病毒、绿藻、郁金香、苹果树、蝴蝶、蚯蚓、三文鱼、小猎犬幼崽，还是人类，在分子生物学家眼中，这些生物体的构成都是基于同一套生物学单元。

早在大多数科学同行之前，沃森就明白了一个道理：分子生物学的工具将会革新对一切生物的研究。他知道，这个强大的领域足以将生物学由一门观察性科学改造成一门预测性科学。在他的领导下，冷泉港的科学家用分子生物学揭示了病毒和酵母的机制，然后他们用同样的技术弄清了从动物体内取出并在器皿中培养的细胞的工作原理。沃森还早在任何可用的技术发明之前，就预言了分子生物学的工具或许能揭开人脑的许多奥秘[6]。

这种可能性深深吸引了我。当我在冷泉港成立自己的实验室时，神经科学还是抵抗分子生物学全新思路的最后几座堡垒之一。顶着主流神经生物学的强大潮流，我加入了一小组敢于冒险的神经科学家，我们拿起分子生物学的工具，着手建立一个全新的领域：分子神经生物学（molecular neurobiology）。

即便是智识领域的革命，也同样充满危险和阻力。我们为了建立神经科学的新分支而斗争，这使我们的津贴、职位和事业都变得岌岌可危。愤怒的争论将冷静的会议变成仇恨的温床。一场国际会议上的辩论将研究人脑和研究昆虫神经系统的科学家对立了起来，争论的主题是我们从昆虫那里学到的知识能否启发对人类的研究。但说到底，那场辩论的焦点是进化的分子机制。说起来，那与其说是一场辩论，倒更像一场叫嚣竞赛，因为当时我们还没有一份神经系统的"部件清单"，所以无法在人类和昆虫的神经系统之间展开明确的比较。我们既不知道决定神经系统的基因，也无法追踪这些基因在发育过程中的表达。

作为最初的一小撮"变节者"，我们这些早期分子神经生物学家渐渐取得了优势，我们发起的运动成长为一股重要力量，通过将经典的脑研究和新兴的分子生物学工具结合起来，彻底改造了神经科学，使我们对大脑的工作原理有了相较于之前不可思议的深刻认识，并制定了临床干预的新策略。多亏了这些成果和分子生物领域的其他突破，今天的我们有了新的诊断和治疗手段，那些在短短几十年前还令人束手无策的脑疾，我们现在都能对付了，包括癫痫、神经发育障碍、中风，以及像多发性硬化这样的炎症性疾病。不仅如此，我们还有理由相信我们会对许多仍然令人生畏的疾病拥有全新的认识，比如阿尔茨海默病和其他神经退行性疾病。

能参加这样一场科学革命，将不同的学科和观点结合在一起，我的心情激动得难以言表。我在这场革命中生活、工作，并成为这场以"融合"促进发现的事业的参与者和推动者。

∞

这不是MIT第一次选出一位出人意料的校长。早在1930年，当美国还处于大萧条时，学院就选了普林斯顿大学的物理学家卡尔·泰勒·康普顿（Karl Taylor Compton）出任校长。

现在来看，任命康普顿似乎是件很自然的事，甚至是一件"明摆着"的事，但在当时，许多人认为这打破了某种传承。康普顿本人后来也表示，这是他这一生中最大的意外。自1865年建校以来，MIT就将物理学定为了核心学科，然而这座学院的声誉并非来自科学研究，而是来自它在技术领域的成就。在人们心中，这是一个培养工程师、教他们发明工具和以技术推进工业时代的地方。一个学生若是进了MIT，将来多半会在化工或是新兴的电子工业领域就职。

而康普顿生活在一个全然不同的世界。在普林斯顿大学，他是物理系主任，也经营着全国闻名的帕尔马物理学实验室（Palmer Physical Laboratory）。他在原子物理学中注入了大量心血，这是一门令人振奋的学科，当时它刚刚建立不过一代人的时间，潜力尚不明确。普林斯顿大学物理系正在推进基础研究，为其将来在工业上的应用建立基础。

20世纪初的几年，人们见证了基础科学发现在市场方向上的惊人转化。随着原子的基本组成单元及其力的发现，这项学科也走向了全新的电子产业。从基础物理的发现到在市场产品上的应用，中间要走过一条艰辛难测的道路，当年和今天都是如此。很少有大学能兼顾发现和应用（也就是理科和工科），而同时投资基础发现和新产品开发的公司也只有寥寥数家，其中最著名的就是AT&T和贝尔实验室了。

1897年，大物理学家约瑟夫·汤姆逊（J. J. Thomson）发现了携带负电荷的微粒——电子[7]。他和同时代的物理学家，包括居里夫妇、伦琴及卢瑟福[8]，为建立构成一切物质的基本粒子的模型打下了基础。这些学者虽然各有不同的研究方向，但他们共同确立了一张"部件清单"，列出了构成物理世界并支配其行为的那些"零部件"：原子核里的质子和中子，以及围绕着原子核的电子云。

在列出这张清单，并找出支配其中各种粒子行为的定律之后，那个时代的物理学家开始与工程师合作。双方联手，就有了发明新事物的力量：灯泡、收音机、电视机、电话，乃至住宅和整个城市的供电系统。电子工业诞生了，它为千万人带来了工作，也推动了经济增长。在今天这个由数字和运算维持的世界里，我们仍在享用此项工业的成果，以及使其成为可能的物理学和工程学的融合。

到20世纪30年代，MIT决定更上一层楼，提高其理科院系的质量。

在重温当年的感想时，物理系的一位教员写道："我们眼前出现了一个全新的科学世界[9]——以其基础形态而存在的科学，而这在当时的MIT几乎已经陷入了缺失的状态，我们也第一次认识到这门现代科学将如何改变未来的工程学。"着眼于未来，着眼于物理学和工程学的新融合，MIT找到康普顿，向他发出了校长聘书。

康普顿的第一反应是惊讶，他不愿离开自己的学生、卸下普林斯顿大学的职责。但是最终，他得到了和74年后的我同样的认识：这张聘书是他平生仅有的机会。他告诉《普林斯顿日报》[10]："这是促成用科学'弥补'工程教育的重要机会，我感到义不容辞，其他事都是次要的。"

∞

甫一上任，康普顿就致力于在MIT促进物理学和工程学的融合。他认同MIT的校训，并意识到要为工程学和科学难题开发实际解决方案，最好的方法就是鼓励高水平的跨学科合作。就这样，在我上任前好几十年，他就走上了一条用融合促进发现和创新的道路。

接着第二次世界大战打响，有些人把它称为"物理学家的战争"，战争提出的技术要求进一步拉近了工程学和物理学。康普顿在这个过程中发挥了重要作用。早在1933年，罗斯福总统就发现了康普顿作为科学家和领袖的才能，并任命他为新成立的科学顾问委员会（Scientific Advisory Board）的主席，1940年，这个机构变身为国防部科研委员会（National Defense Research Committee, NDRC）。康普顿在战争伊始就是NDRC的领导，他推动了雷达、喷气推进和数字计算机的开发，历史证明，这几项发明和大量其他技术一起，对盟军的最终胜利起到了关键作用。就说在他的推动下成立的MIT辐射实验室[11]，集结了近3500名科学家、工程师、语言学家和经济学家，他们展开了空前的合作，发明、设计并建造出雷达单元，那被称作"赢得战争的技术"。

到战争结束时，康普顿领导的MIT物理系已经在向全球一流的方向发展，它以不断增长的基础科学实力闻名，并开始和MIT世界一流的工程科系并驾齐驱。通过为MIT建立工程学和物理学的双重优势，并在政府中发挥更广泛的领导力，康普顿为美国绘制了一幅发展蓝图，使其在战后几十年崛起为世界工业和经济强国。

电子工业正是在那几十年发展起来的，先是晶体管取代了真空管，再是硅基电路取代了晶体管。这促成了大量发现和应用，并最终打开了计算机和信息产业的大门。康普顿虽然明白计算机会在许多方面深刻改变通信和国防，但他毕竟无法预见他促成的这些技术如何创造了我们今天生活的这个数字世界。很少人能有这样的眼光。这就是科学革命的本质：革命的发展强势而不可预知，其间会出现无数可能性。不过，康普顿还是预见到物理学和工程学的融合将开创一个新的技术时代，而且无论作为MIT校长，还是政府顾问或公众人物，他都竭尽全力使美国在这场革命中获得最大利益。

单凭这些成就，康普顿就堪称一位富有远见的设计师，正是他缔造了美国二战后技术和工业力量崛起的局面。但是除此之外，他在MIT任职期间，还以非凡的眼光预见了另一场革命的到来——那就是生物学与工程学的融合。

早在1936年的一场演讲中，康普顿就探讨了这下一轮融合[12]，演讲题目是《物理学能为生物学和医学做什么？》（"What Physics Can Do for Biology and Medicine?"）。他在演讲中报告了核物理的最新发展，包括如何用新一代的回旋加速器给元素打上放射性标记[13]。有了这个放射性标记，当那种元素进入一个分子，而那个分子参与化学反应或沿着代谢通道在一个细胞或一个生物体内游走时，我们就能追踪那个元素的去向了。这场演讲启发了一位医生，索尔·赫兹（Dr. Saul Hertz），他想到了一个问题：能否用这种技术研究，乃至治疗甲状腺疾病？赫兹当时是麻省总医院甲状腺部门的主任，曾和同事研究甲状腺对碘的摄取。他问康普顿可不可以给碘也加上这种放射性标记，如果可以，他们或许就能追踪碘在甲状腺内的堆积情况了，或许还能诊断甲状腺疾病，甚至选择性地消灭患病的甲状腺组织，以达到对甲状腺功能亢进和甲状腺癌的治疗。

这是一个大胆的想法，而康普顿发现了它的价值。他安排赫兹及麻省总医院内分泌科的医生和MIT的物理学家合作，很快这支联合团队就实现了赫兹的想法，用放射性碘成功治疗了一组病人[14]，那是我们今天所谓"精准医疗"的最先实例。

康普顿在这种生物学和工程学的新融合中发现了潜力，他预计这会和物理学与工程学的融合一样强大，并转化为同样丰富的社会效益及经济成果。为了向学生宣传这个交叉领域，他在1939年设计了一套生物工程学（biological engineering）课程[15]，并在1942年将MIT的生物系更名为"生物及生物工程学系"[16]。然而康普顿太超前了，在他那个时代，生物学家尚未像物理学家拆解物质那样，为生物体开发出一份部件清单——没有这份清单，工程师就无事可做。

碍于工具的缺乏，生物及生物工程学系名不副实，短短几年工夫，它就改回了"生物学系"。

到20世纪40年代初，全世界的目光都转向了第二次世界大战，物理学——而非生物学——成为不可或缺的学问。在战争年月，康普顿成了分外活跃的科学家、管理者和公众人物。他领导了美国对雷达、合成橡胶、消防和热辐射的研究[17]，经营着科学研究和发展办公室（Office of Scientific Research and Development, OSRD）的海外项目，并担任麦克阿瑟将军的科学顾问，到1945年，他又成了奉命指导杜鲁门总统使用原子弹的八名顾问之一。

战争结束后，康普顿因为战时的贡献获得了各种赞誉。1946年，美国陆军向他颁发了最高平民荣誉——功勋奖章，以表彰他"加速终止敌对状态"的工作。翌年，美国国家科学院又授予他马塞勒斯·哈特利奖章，表彰他"将科学用于公共福利"的卓越贡献。

这两枚勋章和其他许多嘉奖都指向了康普顿的某一类贡献，即以新的方式将物理学和工程学融合，并用这种融合推动一场革命，由此他不仅促成了战争的结束，还将美国带入了一个欣欣向荣、充满可能性的新时代。康普顿的远见为我们带来了新工具和新技术的令人惊叹的布局，其中不仅包括无线电、电话、飞机、电视、雷达和计算机，还有核能、激光、磁共振及 CT 扫描仪、火箭、卫星、GPS 设备、互联网和智能手机。这些工具和技术彻底重塑了世界，以至于今天的我们已经很难想象没有它们该怎么生活了。

新的电子产品和它们驱动的电子经济持续改造着我们的世界。它们催生了大数据、物联网和工业互联网，并由此使各个行业的一系列新兴商业模式成为可能，包括零售业（亚马逊）、住宿业（爱彼迎）和运输业（来福车、优步）。这场革命仍在迅速发展，如果康普顿还健在的话，他见到这些成果一定会非常振奋。

但是，如果他知道他预见的另一场革命，即生物学和工程学的融合，也已开始，他一定会同样振奋的。

∞

　　我到MIT就任时，惊讶地发现MIT的许多教员已经在这条新道路上走了很远。MIT的工程师们以惊人的方式将生物学工具纳入自己的研究。例如，环境工程师马丁·波尔兹（Martin Polz）[18]正运用计算基因组学，在海洋中寻找吸收二氧化碳最多的浮游生物种群；化学工程师克里斯塔拉·琼斯·普拉瑟（Kristala Jones Prather）[19]正改良微生物以制作新材料，比如运输燃料和药物；从物理学转行生物工程的司各特·马内利斯（Scott Manalis）[20]用他发明的一种极灵敏的测量方法给单个细胞称重并监测它们的生长。他们的灵感都来自MIT教授罗伯特·兰格（Robert Langer），他是公认的全世界最多产的生物工程师[21]，手上有1000多项已经认证或正在认证的专利，他还成立了超过25家公司。

　　我对这个新兴领域的优秀项目了解得越多（不仅是在MIT，也在世界各地），就越是确信生物学和工程学的融合具有改变世界的潜力。因此，在担任校长期间，我将这种融合作为主要工作方向，开辟了各种资源和空间，以促使它尽快实现。

　　这也为我带来了许多回报。MIT的癌症研究中心是国内一流的基础生物学研究机构，其中的生物学教员与工程学同事合作，将中心改造成科赫综合癌症研究所（Koch Institute for Integrative Cancer Research）——这是工程师、临床医师与生物学的激动人心的跨界混搭，自2007年起，他们就共同以新的方式研究、诊断并治疗癌症。科赫研究所培育了数十家公司，好几家公司生产的生物工程制品已经进入临床试验阶段：其中有能追踪癌症细胞，并直接对病灶实施化疗的纳米颗粒；有能让外科医生更精确地发现并切除癌细胞的影像技术；有用时比现有方法大大缩短的识别传染性病原体的新策略，能使我们快速开出合适的药物来拯救万千生命。我们还以类似的方式开启了MIT能源启动计划（MIT Energy Initiative），以加速新能源技术的开发，其中许多技术都用到了生物学部件清单中的组件。能源启动计划头十年就孵化了近 60 家公司，它们正在发明新型电池、新型太阳能电池以及新的能源管理系统。

我很幸运，能在职业生涯，尤其是在MIT任职的那些日子里，认识这个新兴研究领域的许多先驱人物，见证他们如何将实验室里的新发现转化为市场产品，如何将想法化为行动。在下面几章里，我将带你亲临现场，走进实验室，去会会几位关键人物，我还会向你介绍一些途径，这些研究者希望能通过这些途径运用他们开发的工具和技术，克服我们这个时代在人道、医学和环境上的最大难关。

他们的研究将成为这个世纪的科学传奇，我对此毫不怀疑。100 年前，物理学和工程学的结合彻底改变了这个世界，现在生物学和工程学也准备以同样的方式深刻改变我们的未来。这本书就是对即将浮现的未来的一次预览，读了它，你也有机会感受目睹其发生的兴奋了。

　　我将这些技术分散在书中各章，由此领着你一步一步，从生物学的基本概念走向高阶概念。这个由生物技术构筑的新世界源于一场非凡的科学革命。简单地说，在1950年，我们并不知道一个基因的物理结构，或者它如何令身体产生性状，我们不知道癌细胞为何会不受控制地分裂，不知道是什么决定了一颗玉米粒的颜色，现在我们知道了。

　　第二章将介绍核酸、DNA和RNA，它们构成了生物的信息系统。核酸指导生物结构的组装，并确保性状从上一代准确地转移到下一代。核酸可以人为操纵，这章就描述了如何通过操纵病毒的核酸制造新一代电池。DNA和RNA携带了组装蛋白的指令集，而蛋白是承担许多生物学功能的微型机器。第三章讲述了发现这样一种蛋白的故事，这种蛋白名叫"水通道蛋白"（aquaporin）。水通道蛋白是一种非常特殊的通道，水通过它进出细胞（在细菌、动物和植物体内），目前它被应用于商业化的滤水设备。

　　第四章中的技术引出了医学界发展最快的领域之一——分子医学（molecular medicine）。它的核心前提是疾病过程体现了对细胞中正常分子过程的扰动。而高度灵敏的新技术能够识别这样的扰动，使疾病的早期筛查更加可靠，也更加便宜。

　　我们复杂的生物学功能，如呼吸、消化和听觉，都由复杂的组织执行，这些组织由五花八门的细胞有序地聚合而成，其中人脑是所有组织中最复杂的。第五章描述了脑如何沿着神经发送信息并调动四肢,新技术又如何帮助截肢者和脑损伤患者恢复四肢的运动能力。

第六章将回到对前几个部分的总述。对每一个生物体,基因和蛋白表达的总和都表现为身体的性状,这被称为其"表型"。在过去至少1万年中,人类一直在评估动植物的表型,以此选择和培植它们。这一章描绘了新的工程工具,它们使基于表型的选择变得更快,因此有希望及时发现更加高产也能更快地在灾后恢复生长的粮食作物,以养活地球上不断增长的人口。

以下各章中描绘的技术都以不同的方式体现了生物学与工程学的革命性融合,我们正生活在这样一个融合的时代。如果我清楚明白地介绍了这些嫁接了生物学和工程学的技术,你就会发现,制造电池的病毒和过滤污水的蛋白有许多共通之处,和本书中的所有其他技术也有许多共通之处——它们都借用了生物学和工程学两个领域的进展。我也希望,你能在许多即将问世的技术中发现这个共通的主题。

我们要竭尽所能促成这种融合,并将这些跨越边界的技术带入我们的生活,越快越好。为此,我将在最后一章提出几条策略,以使我们最快、最有效地做到这一点。

第二章

生物学能做出更好的电池吗？

1999年，当安杰拉·贝尔彻（Angela Belcher）提交她的第一份经费申请报告时，一位专业评审直说它"太疯狂了"。当时贝尔彻刚拿到教职，去得克萨斯大学奥斯汀分校化学系做一名初级教授，正需要一笔经费开始她的研究生涯。她申请的内容听上去确实疯狂：她想改造病毒，让它们"生长出"电子电路，最终形成电池。根据贝尔彻的设想，这种由病毒长成的电池将比现在使用的电池充电更快，几乎不产生有毒废料，并可以在一定程度上生物降解。她所提出的，其实是使以清洁、便宜和天然的方法制造再生能源成为一种可行的选择，来取代化石燃料。贝尔彻觉得，这个想法有着改变世界的潜力。

想法被别人斥为"疯狂"很让贝尔彻伤心。她在不久前告诉我："当初读到评审意见，我是哭了又哭。"她很生气，但并未放弃，而今天她已成就斐然。回顾当时，反倒是那个评审显得有些不开窍了。2000年，她证明了这个不寻常的想法是可行的[1]，并在全世界声望最高的研究期刊之一的《自然》杂志上发表了论文，那也是她第一次作为独立研究者发文。2001年，MIT看出她的潜力，将她招募过来。2002年，《技术评论》（*Technology Review*）将她列为35岁以下全球100位最佳创新者之一[2]。2004年，她赢得了一笔麦克阿瑟基金会天才奖金[3]。2006年，《科学美国人》（*Scientific American*）杂志将她选为当年的研究领袖[4]。今天的她已经是MIT的W. M. 凯克能源方向的教授，她在MIT身兼数职，是生物分子材料研究组（Biomolecnlar Materials Group）的组长，也是MIT能源启动计划的活跃成员，正领导一支团队开发储存电能的新方法。她还成立了几家正在初创阶段的公司，以便将实验室成果市场化为产品。

我认识贝尔彻是在当上MIT校长后不久。当时我有许多东西要学，且都要尽快学会。我需要弄清MIT如何促成突破常规的想法，这些想法又是如何以惊人的速度走向市场的。

为了在最短的时间里学到最多的知识，我邀请了几拨刚刚获得终身职位的教员，每月与他们共进一次早餐，每次人数都不多。一个教员要在MIT拿到终身教职，就必须取得前人不曾取得的成就，所以我相信那些每月应邀来吃早餐的人，都能说出他们是得益于哪些资源、人才和工作氛围，才取得了如此的成就。而在他们看来，MIT伟大在什么地方？怎么才能使它更好？他们正在哪些激动人心的前沿探索着？

就着丰盛的早餐，我要他们告诉我最喜欢MIT的什么地方、在研究和教学中最令他们振奋的又是什么。当话题在餐桌上流转，他们说出的故事一个比一个精彩，我发现自己已经置身未来，而这未来是我从未想象过的。他们告诉我，量子计算正从理论走向实践，以及如何生产逐层药物递送的纳米微粒，就像威利·旺卡*的那些永远不会变小的石头弹子糖，他们还说了其他数十种巧妙的发现和发明。听着这些教员的讲述，我却意外发现了一个情况：如果只听他们自述其发现和研究兴趣，我很难猜出他们来自哪一个学院或哪一个系科。他们的研究跨越了不同学科的边界，其间未有声张也不问许可，我意识到，这种灵活性是将新想法迅速从实验室推向市场的关键。

参与这些谈话的年轻教员，许多都横跨了好几个天差地别的学科，贝尔彻就是其中一位，我也一眼就看出了她是结合不同领域的典型人物。除了参与生物分子材料研究及MIT能源启动计划，她还在材料科学与工程系、生物工程系和MIT的科赫综合癌症研究所任职。那天早晨她告诉我，她正尝试在生物学和工程学之间嫁接，以创造新一代的电子设备。我好奇地睁大了眼睛，于是她开始解释我们未来生产、分配和储存能量的方式将和今天有多么大的不同。

她想到用生物学构造新一代电子设备是在20世纪90年代，当时她还在加州大学圣芭芭拉分校攻读化学博士学位。有一件事始终令她着迷，那就是大自然总能为周围的挑战和机遇发明应对方案。读博士的

---

* 小说及电影《查理和巧克力工厂》中的人物。

那几年，她迷上了鲍鱼，那是一种大型海螺，常见于太平洋沿岸，它们产生甲壳的方式令她很感兴趣。后来的发展证明，这个过程所涉及的生物工程学原理将打开贝尔彻的头脑，启迪她对这种原理的各种应用，并最终发明新型电池。

从演化上说，鲍鱼必须解决一个艰巨的难题，即如何用已有的简单成分制造出格外坚硬的轻质外壳？鲍鱼演化出了一套优雅巧妙的方案：首先，它收集了钙（Ca）和碳酸盐（CO_3），这两样都是海洋中随处可见的材料，结合生成碳酸钙（$CaCO_3$），也就是我们通常用来制作粉笔的无机化合物——白垩。白垩本身是一种脆弱的材料，很容易粉碎，但鲍鱼凭着一种两阶段的制造过程，克服了这个结构缺陷。首先，它把碳酸钙分子排列成了高度有序的阵列[5]，使之形成微小晶体。这些晶体的硬度已大大超过白垩，但仍只有鲍鱼壳硬度的三千分之一[6]。接着，它再通过另一个过程将这些晶体加工得硬如钢铁，这个过程是贝尔彻在读研究生时参与发现的：鲍鱼用蛋白制成细丝，让其分布在晶体之间形成一张黏合网，有点像灰泥把砖块黏合成一面墙。但是和砖墙里的灰泥不同，鲍鱼壳的这种灰泥略带弹性，使壳的结构能弯折而不折断。这种坚硬又柔韧的蛋白细丝缠绕在碳酸钙晶体之间，为鲍鱼壳赋予了非凡的动态强度。这层外壳在鲍鱼活着时保护它，等它死后又分解为成分，为下一代甲壳类动物补充原料——整个循环自始至终不向环境排放有毒的生成物。

贝尔彻在办公室里收藏了许多鲍鱼壳，我每次去她的办公室总会看得目不转睛。它们真美，放在一起犹如一组没有拆开的俄罗斯套娃，最小的那几个可爱宝宝，得需要我用拇指和食指拈起来，最大的比我手掌张开了还大，想必有十多岁的年纪了。一天，我们谈起了那些以最平凡的元素制造神奇材料的生物过程，我忍不住拿起了最大的几副贝壳中的一个，它足有一只儿童棒球手套那么大，我用手指摩挲着它的内表面。拿到光下观看，它闪烁出彩虹般的颜色。

　　鲍鱼可以活到50岁。无论体格大小，每一只鲍鱼都有着相同的形状、颜色和质地：它们外表粗糙，内层如珍珠母般晶莹。每块甲壳的表面都有一列小孔，它们间距相同，排成优雅的弧度，鲍鱼就通过这些小孔来"呼吸"。这真是生物工程学的奇迹。当贝尔彻开始研究这些甲壳的形成时，她几乎立刻想到了一个问题：既然鲍鱼DNA中的密码能造出蛋白，这些蛋白又能如此高效而成功地收集海洋中的元素来制造甲壳，那我们是否能征用其他生物的DNA，使它们收集别的元素、完成别的工作呢？如果可以，那么有没有可能像她在第一次申请经费时提出的那样，让病毒去收集半导体中使用的元素（如砷化镓中的砷和镓，硅），并造出电子器件呢？如果能做到那个，那么是否还能用病毒解决更大的问题？能用它们来组装电池的零件吗？这些思考使她的工程学大脑飞速转动。她向我回忆起那个恍然大悟的时刻："既然百万年来，鲍鱼始终能造出所需的甲壳，又不会排放有毒的副产品，那人类为什么就不能在不污染环境的前提下，造出所需的一切呢？"

贝尔彻在得州长大，从小喜爱家乡的岩石和动植物，到加州大学圣芭芭拉分校念大学时，她又爱上了太平洋沿岸的贝类。作为化学家和材料科学家，她一直觉得大自然能将环境材料装配成各种形状和大小这件事太迷人了。在她办公室的架子上陈列着许多贝壳、晶体和化石，每一样的历史她都曾向我激动地讲述过。一次，她一手爱抚着一块美丽的晶体，一手拿着一块不起眼的发白的岩石，大声向我宣布："这块半透明的蓝绿色晶体[7]，和这块文石的成分是一样的！"除了痴迷于大自然的成就，贝尔彻也一直在思考如何为子孙后代留下一个更好的世界。

像你我这样的平常人不会花多少时间思索周围材料中的分子是否具有有序的结构、它们又如何构成我们每天拿来使用的材料，但安杰拉·贝尔彻会。研究生阶段的研究使她十分看重材料是如何组成与排列的。她指出了鲍鱼壳由碳酸盐晶体构成，这些晶体由极少量的灰泥黏合，而那灰泥是鲍鱼用特殊的蛋白制作的。要发明更好的电池，就必须找到更好的材料，并将这些材料排列成更好的结构。不过改进材料的构成和排列还需要相当精密的工程手段，就是在思考这个问题时，贝尔彻恍然大悟，并进而提交了第一份经费申请。她没有完全依赖人类的才智重新设计电池组件，而是想到了说服病毒替我们排列材料，以此造出更好的电池。

∞

　　要理解安杰拉·贝尔彻在解决能源问题，准确地说是能源存储问题时面对的障碍，我们就要思考一下我们的能源经济。我们目前的能源利用模式是如何产生的？为什么未来几十年的能源来源是一个重要命题？

　　当先民首次学会控制火焰时，他们便开启了能源经济。在南非几处洞穴里发现的骨头和植物灰烬[8]显示，早期人类祖先之一的直立人，在大约100万年前就学会了生火。我们更晚近的祖先尼安德特人在大约40万年前学会了用火[9]，法国西南部Pech de l'Azé I遗址的考古学证据[10]显示，那里的古人类至少在5万年前就靠生火满足需要了。早期人类点燃青草、树枝和树干取暖、照明、烹饪食物。从那以后，我们一直从大自然获得并储存我们消耗的能量。幸运的是，大自然极好地完成了这项工作。

　　植物是上好的能量仓库。它们通过光合作用储存能量，这个化学过程使用光的能量，将二氧化碳与水结合。水和二氧化碳是充足的基本原料，两者结合能产生地球上大部分天然材料。要生成这些复合材料（从树叶、花朵、树干，到骨骼、皮肤、肌肉），只需要投入足够的能量，在二氧化碳分子和水分子之间形成新的化学键即可。光合作用将光的能量转化成碳基建材之间的化学键。每个化学键都是待用的能量：形成化学键需要能量，打破它则释放能量。在光合作用中，太阳光中的光子为化学键的形成提供能量[11]，而打破化学键（比如生一把火）就能释放能量。燃烧木柴——从根本上讲——其实是将光合作用的过程逆转，它打破化学键，将木柴中存储的太阳能以光和热的形式释放出来。我们即将在电池的例子中看到，存储的化学能还能以电子的形式释放。

千万年来，人类一直仰赖乔木和灌木满足能量需求。但是近几百年，我们的需求开始加速增长。19世纪早期，美国的主要能源[12]是木材，当时美国人每年消耗的能量为0.4千兆英热（1英热是将1英磅水加热1华氏度所需的热量）。到2016年，美国全国的能量消耗[13]已经达到97千兆英热，是19世纪初的近250倍。也就是说，今天一个美国人消耗的能量，大约是1800年的4倍。为了满足数量不断增长、能耗不断增加的人口的需求，也为了找到更方便运输的能量存储形式，我们开始采用化石燃料：富含能量的石油、天然气和煤炭。在漫长的时光绵延之中，死去的树木、其他植物和其他古代森林中的有机物被压缩成植物的"化石"，由此形成了这种燃料。

比起树枝和原木，化石燃料（煤、石油和天然气）具有更高的能量密度，只要很少就能产生相同的能量。因为能量密度较高，它们的运输也方便得多、便宜得多。但是由此也产生了一个新的问题：燃烧碳基材料（原木、煤、天然气）不仅会以光和热的形式释放存储的能

量，还会释放植物在光合作用中捕获的二氧化碳。地球的大气看似庞
大，却并不能完全吸收我们燃烧碳基材料产生的二氧化碳，这一点你
或许难以想象，但事实就是如此。虽然在地球的历史上，二氧化碳的
浓度有升有降，但这些升降变化向来是渐进式的。今天的我们却面临
着另外一个局面：大量二氧化碳正以空前的速度重返大气层。

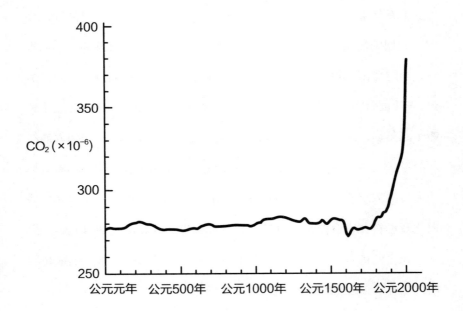

在经过漫长的相对稳定期之后[14]，大气中的二氧化碳 [CO_2，度量
单位为"百万分之"（$\times 10^{-6}$）] 从1800年开始急剧上升。

短短几百年间，全世界的人类就向大气中排放了过去数亿年储存下的二氧化碳。据估计，我们消耗的每加仑*汽油都需由近100吨植物原料来产生[15]。由于我们越来越密集地燃烧化石燃料，大气中的二氧化碳不断增加，这已经显著改变了地球的气候和海洋，几乎肯定会对地球和人类的生活造成恶劣后果。

燃烧化石燃料还会以其他有害的方式污染大气。比如常见的烧煤取暖或发电，就会将原本封锁在煤中的物质释放到空气中去，包括汞、硫和颗粒物（煤烟），危害附近居民的健康。这会产生严重而明显的后果。

而且燃烧化石燃料造成的问题还会越来越严重。到2050年，世界能源需求可能翻倍[16]，原因有两个。第一，未来30年中，世界人口预计会从目前的76亿左右增长到超过95亿[17]。第二，如果经济景气（我们也希望如此），那么全世界将会有更多人口富裕起来，将有更多人像发达国家的国民一样，开始高能耗的生活方式。今天，一个美国人平均每年耗电13000多千瓦·时[18]，而一个孟加拉国人平均每年只消耗300千瓦·时[19]。未来，当更多人的能源消耗大大提升，将会发生什么？污染和它的危险后果是否属于必要的恶？还是科学家和工程师能想出新法子绕过这个问题？

---

* 1美制加仑约为3.8升。

世界上的替代能源丰富得使人垂涎，温暖的阳光、夏日凉爽的微风、汹涌的河流和瀑布，以及海潮的牵引，其中都蕴含能量。我梦想将来有一天，这些替代能源或许会满足我们的所有能源需求。我记得有一次随父亲驾帆船悠闲出海，我嘲笑他装在船尾的那只发动机。然而我的态度很快变了——清晨可爱的微风消失了，我们远离海岸，无法航行。我们将毫无动力地在海上漂流一天，或许还有一夜，我突然渴望随便烧点什么返回陆地，环境什么的完全抛在脑后了。在无数类似的场合，我们都要靠化石燃料维持日常生活——我们需要它们来为屋子取暖，来将我们的身体和货物运到世界各地，或者为我们的电网供电。大多数人已经无法想象没有化石能源的生活了。

　　这几十年来，我们已经发明了能将阳光和风转化成电能的巧妙技术，这些技术也在不断变得更加成熟与廉价。但这里也有个问题：虽然我们很善于捕捉并转化这些能源，却不善于将它们存储起来以供日后使用。明亮的沙漠阳光产生了远不止足够我们在寒冷的夜间取暖的热量，一场风暴中的狂风也会产生许多能量，足够我们在风平浪静时使用，但我们还没有想出办法以较低的成本有效储存这些能源。"间歇性"（intermittency）成了流行词[20]，它专门描述我们将替代能源真正投入使用时遇到的困难。如果科学家和工程师能发明新型电池，解决这个太阳能、风能和其他替代能源固有的间歇性问题，我们就能利用这些清洁而充裕的能源满足几乎全部能源需求了。

在她职业生涯的前几年,安杰拉·贝尔彻就意识到她或许有了解决这个问题的工具。在最初的经费申请获得批准之后(即诱导病毒"演化"出新的变种,使其将砷化镓和硅等非生物材料组装成半导体),她又想到了用这些新工具来制造电池。她的研究正是时候,完美契合了一股新兴的技术潮流。

对病毒和半导体的研究使她相信,病毒能在纳米级重组材料。她开始实验,想看看生物体能在多大程度上将非生物元素排列成可用的构型。"我想知道,元素周期表中的哪种元素可以让我诱导病毒造出新的结构。"她告诉我。并不是每种元素都热衷与她的病毒合作,但她发现,金属和金属氧化物特别好用。她很高兴,因为她意识到这些捆绑了病毒的元素能用来制造电极,并可由此开启一扇大门,用清洁、高效而经济的方式制造电池。但是要弄明白她对此事的设想,我们首先要理解电池是什么。

∞

和许多现代生活中不可或缺的工具及技术一样,电池的发明也不是为了存储能量,甚至不是为了解决任何实际问题。电池的出现源于人类对自然界永不满足的求知欲,以及由好奇驱动的观察——与启发了安杰拉·贝尔彻创新的过程相同。

第一块电池问世于1800年[21]，当时亚历山德罗·伏特（Alessandro Volta）指出，将铜盘和锌盘交替堆放，每组之间垫一层浸透了盐水的湿布，就会产生一股电流。这堆金属盘后来得名"伏打电池"。简单地说，它通过将电子从一种金属运送到另一种金属，将化学能转化成了电能。

电子是带有负电荷的微粒。在一块伏打电池中，铜盘构成正极，锌盘构成负极。在这第一代电池中，单单把金属盘交替堆放并不产生任何电流，但如果用导电材料，比如一根金属丝，连接两个电极，就会引导电子由负极流到正极。在这条电路中加入一个电器，比如一只小灯泡，就能观察到电流——当电流通过时，灯泡会点亮。最终，当所有电子运送完毕，两种金属也耗尽了产生或接收电子的能力，这个过程就走到了终点。这时电池再也无法产生电流，灯泡熄灭，电池也必须更换了。

为获得最大电流，伏特实验了不同的用作正负极的金属和不同的电解液，但他始终没有制造出充足到可以投入实际应用的电力。后人继承他的研究，终于造出了能为电器供电的电池。如果伏特造访今天的世界，他会立即认出我们的电池正是他发明的电池的直系后代。

你可以把标准电池看作一种能量运输设备。比如，可以让我带上飞机听音乐用的标准七号电池只是我用来运输化学能的一种手段，只要我愿意，就可以将其中的化学能转化为电能。当我回家时，墙壁上的插座提供了更为充沛的电能，而当我的住宅停电时，一块电池就能

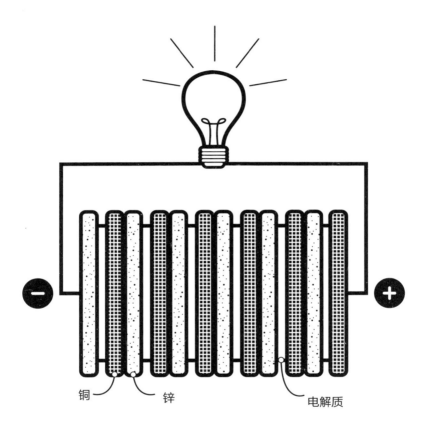

一块基础的伏打电池由一对对铜盘和锌盘交替组成，每对铜锌盘之间都有一层电解质。电子从锌负极（－）向铜正极（＋）移动，经过一根电线，并点亮一只小灯泡。

填补空缺。作为能量存储装置，你的手机或笔记本电脑中的充电电池性能更佳。当电力耗尽，它们还能逆转放电过程，靠外部电源（比如墙上的插座）恢复从负极输送到正极的电子，使它们回到原来的负极位置，然后新一轮放电就可以开始了。

你或许想当然地认为这个逆转过程很容易，但事实并非如此。它需要特殊的材料，要既能产生电子，又能接收电子。第一款成功的充电电池问世[22]不过一百年多一点。它以铅为电极，以硫酸为电解质。这样的组合使电池又重又危险，但非常可靠，因此我们现在仍在使用铅酸电池满足许多标准下的重负荷的充电需求。在全世界范围内，马路上的多数轿车仍在使用铅酸电池。虽然大部分电动轿车使用锂离子电池驱动，但它们中的多数仍使用铅酸电池为车头灯、风扇和安全装置供电。

近些年来，因为开发出了轻得多，也安全得多的充电电池[23]，移动电子设备得以普及。今天，锂离子电池为我们的手机、手电及大部分便携式电子设备供电，但它们还是不够划算、高效和强大，仍然无法满足大规模的能量需求。而且它们还有风险，有时自平衡车和手机中的锂电池会起火。除了电池本身有技术限制，标准的电池生产过程[24]还需要很高的温度（想想能耗），并产生有毒的副产品。具体产生多少，各有各的说法。但是据瑞典环境科学研究院2017年的一项计算[25]，生产一块电动轿车电池，产生的废料可能相当于20吨二氧化碳[26]，也就是燃烧2250加仑汽油的排放量[27]。因此，在你开着电动轿车自诩环保之前，你应该先算算那些电池的生产成本（能耗和二氧化碳排放），再想想给电池充电的电力是从哪里来的（是来自一座水力发电站，还是一座燃烧化石燃料的火电站？）。另外，除了消耗能量，生产一块电池的过程和许多其他生产过程一样，会产生大量废物，而且其中一些毒性极高。

从各方面看，我们今天拥有的电池都跟不上我们快速增长的能量存储需求。发明另一种存储能量的方法正是安杰拉·贝尔彻进入这个领域的动机所在。她不是唯一一个致力于开发更清洁、更轻、更高效电池的人。全世界范围内都有人在研究这个问题，近年来，已经有几十项大有希望的新技术[28]走出了实验室。比如在斯坦福大学，崔屹和他的同事[29]设计了可用作电池的纳米微粒，它们能被压得更紧实，携带更多电荷，并有望比现在的电池寿命更长。新加坡南洋理工大学的申泽骧[30]也在开发一种钠离子电池，它采用纳米薄片设计，可能成为一种廉价而安全的锂电池的替代品。和他们相比，贝尔彻采用的是一种令人震惊的革命性方法，她求助于生物体，具体地说是病毒。

∞

不同于大部分生物，包括动物、植物，甚至单细胞的酵母和细菌，病毒缺少生物的大多数标准组成部分。它们没有细胞壁，没有细胞核，也没有其他生物的内部结构元件。它们拥有的不过是一层蛋白质外壳[31]，里面包裹着一串DNA或RNA。就这么简单！尽管如此，从古至今，它们却在地球上的每一个生态系统中生生不息。有证据表明，早在3亿年前就有了能感染昆虫的病毒[32]。病毒在繁衍中成绩斐然，甚至令人警惕。它们在各种不同的环境中居住（包括人的身体），还常常引起一些我们最害怕的疾病。

病毒是生物学上的极简主义者。但简单归简单，一个病毒仍和它的父辈很像，就像我女儿头发和眼睛的颜色都与我类似一样。不过病毒无法依靠自身完成太多事情。它们虽然在DNA或RNA里携带有自己的一套信息，却缺乏繁衍自身的基本系统。为了生存和繁衍，病毒需要宿主。于是它们感染动植物的细胞——当感染发生在我们身上时，我们就患上了病毒性疾病。

病毒用来向后代传递遗传指令集的分子，也是我们用来向后代传递遗传信息的分子。和我们一样，它们基因中的信息也是依靠核酸分子代代传承的，不是DNA就是RNA。核酸的结构使其具有两种基本功能：制作自身的精确副本（这是向后代传递遗传信息的关键），指导蛋白质的组装（蛋白质是所有生物体的建造单元）。

核酸的精确复制对遗传信息在亲代和子代间的准确传递至关重要。DNA，即脱氧核糖核酸，具有梯子一般的结构，两边是两条平行的主链，中间由一系列横档相连。每条横档由一对名为"碱基"的分子构成，碱基有四种：腺嘌呤（A）、鸟嘌呤（G）、胞嘧啶（C）和胸腺嘧啶（T）。每条横档上的两个碱基都以固定的方式配对：A配T，G配C。碱基沿着DNA主链分布，其排列的次序即是核酸包含的遗传信息。RNA，即核糖核酸，只有DNA一对主链结构的一半，其中尿苷（U）取代了胸腺嘧啶（T）。碱基的强制配对，即G配C、A配T（或A配U），确保了DNA（或RNA）在下一代细胞或有机体内的精确复制。细胞分裂时，梯状的DNA沿纵向分成两半，每条横档也从中间一分为二，每一半横档包含一个碱基。每一半DNA链都是将要生长出的另外一半新链的模板，而另一半新链会在强制的A–T和G–C配对的指挥下生成。

1953年，詹姆斯·沃森和弗朗西斯·克里克在《自然》杂志上发表了一篇长仅一页的论文，首次报告了DNA的结构[33]，论文的结尾是一则史上堪称最低调的声明之一。两人写道："我们注意到，我们设想的配对，直接暗示了遗传物质的一种可能的复制机制。"事实证明，这短短的一句非但正确，还预示了生物学上一个激动人心的新纪元——分子生物学。

细胞或病毒的DNA或RNA负责指导蛋白质的组装，而蛋白质是构成一切生物体形态和功能的基本单元。病毒蛋白总共不到12种，病毒DNA（或RNA）上分布的碱基序列决定了它们的结构。同样地，人类DNA上的碱基序列也决定了我们的蛋白结构。为了用病毒制作电池，安杰拉·贝尔彻开始在实验室中操纵良性病毒，教它们组装电池零件。

病毒的复制迷人、强势，且在演化意义上非常成功。由于本身缺乏大部分生物过程所需的装置，它们会侵略其他生物体的细胞，并寄生于它们的复制装置之中。病毒外壳上的蛋白会狡猾地与宿主细胞表面的某种特定蛋白结合。有的病毒会与人类细胞结合：禽流感病毒结合我们的呼吸道细胞，丙肝病毒结合我们的肝脏细胞。别的病毒会和其他动植物细胞结合。一旦结合成功，病毒就会向宿主细胞注入自身的DNA或RNA，它们劫持宿主的细胞机器，使之大量繁殖病毒。这会极大增加宿主细胞的负担，使它们要么放慢自身的过程——常常慢到几乎停止，要么死去。无论是哪种情况，被病毒寄宿的细胞都会释放一大群新病毒，它们接着再侵略其他细胞，并在其内部繁殖自身。就这样，病毒以爆炸式的速度繁殖，严重损害我们的健康。任何得过感冒、流感、艾滋病或肝炎的人都清楚这一点。

虽然病毒对我们的健康构成了棘手的威胁，但我们也从它们身上学到了大量的基础生物学知识。它们的结构简单优雅，特别适合用作实验室工具。为研究生物学过程，科学家几十年来一直在调遣它们。阿尔·赫尔希（Al Hershey）和玛格丽特·蔡斯（Margaret Chase）在1952年用病毒做了一次著名的演示[34]，表明DNA携带了遗传信息，终结了一场旷日持久的辩论，即蛋白和DNA哪个才是遗传性状的载体。

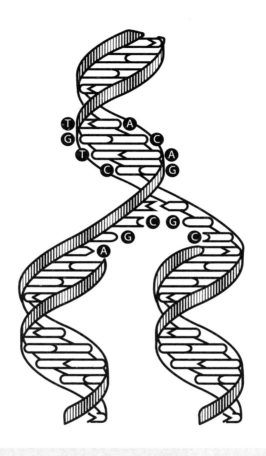

DNA的结构具有自我复制的特点。图的上部是双链的、互相缠绕的梯状DNA链，其中的每一条横档都由一对碱基构成。碱基总以固定的方式配对：G配C，A配T。当DNA复制时，这些碱基会拆分开（图的中部）。每个落单的碱基都会找一个合适的伙伴重新配对（A找T，G找C），这样就组成了两根新的双链（图底部），新双链的每一条都与它们在原双链中时完全相同。

病毒已经成了在细胞间运送DNA和RNA的上佳工具，一种新的癌症免疫疗法就是用病毒向患者的免疫细胞运送基因，这些基因能编码特定的蛋白，使它们能识别并杀死癌细胞，这样，免疫系统就可以像消灭外来入侵者那样消灭癌细胞了。用病毒运送DNA和RNA效果极佳，研究者现在特地设计了许多对人类无害的病毒变异体，作为标准的实验工具。

∞

病毒有各种形状。有的是正二十面体，有的是简单的球形，还有的如同微型火箭，一头带着起落架。在漫长的演化历史中，它们每一种都为生存优化了自身的结构。当然了，没有哪种病毒天生是演化来制作电池的。但安杰拉·贝尔彻还是注意到了一种病毒的结构——这种病毒就是"M13噬菌体"（M13 bacteriophage）——几乎能完美地解决一些制作电池必须克服的问题。她还设法引导M13演化，将它们变成了组装电池的微型工厂。她的M13电池能在更小的空间内存储更多电力，而且和标准的电池生产过程相比，它们生产时所需的温度要低得多，排出的有毒物质也较少。

要成功实施这个计划，贝尔彻必须先解决两大难题。首先，她要设法将金属电池材料组装得尽可能紧凑。但光是能组装电池材料还不够，还得让电子和金属离子能在材料之间和周围高效地运转。因此她还必须设计导电通道，好让来自外部源头的电子能在电池的两极间流动。她必须找到一种纳米尺度的微粒，这种微粒既要将金属离子捆绑在一起，又要为电子开辟通道。而M13具备了她需要的许多特质。

M13病毒的外形好像一根管子——它极小、极细，两头各有丝线般的一丛。一个M13病毒的长度略短于1000纳米，直径略小于10纳米（1000 纳米约相当于人类发丝直径的十分之一）。M13的比例相当于一根拉长的多乐滋甘草条形糖，六根糖的长度配上一根糖的直径。它是一根拧着的管子，外观有点像多乐滋的表面，管身由大约2700个名叫"p8"的单细胞蛋白副本构成。p8蛋白的排列非常规则而紧凑。贝尔彻注意到了p8具有惊人的压缩潜力：如果这2700个p8的外壳蛋白都能改造成结合位点，在上面固定关键的电池结构，那么她这款基于M13的电极就能以极快的速度充电、放电了。

为修改M13病毒以做出更好的电池，贝尔彻动用了生物学家开发的所有基因工程工具。最初，为了找到能将电池材料压缩得最紧凑的M13变异体，她改良了一种名为"噬菌体展示"（phage display）的技术，这技术最早是为了研究免疫系统的分子构成而开发的。贝尔彻先使M13突变，生产了10亿个独特的M13变异体，每个都包含略微不同的基因序列。她假设在这10亿个变异体中总能找到一些性质合适的，接着便开始测试它们和种种有趣材料结合的能力，那些都是普通病毒无法结合

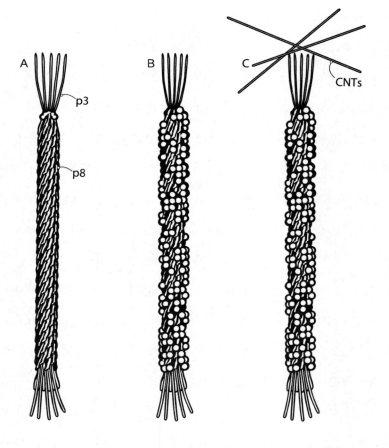

M13病毒经过修改，就可与电池材料结合。A. M13病毒的形状是修长的圆柱体，主体由2700个p8蛋白副本构成，末端是丝状的p3蛋白，一般用来与宿主细胞结合。B. M13的变异体，p8经过修改，能与电池材料结合，如氧化钴（小型球体）。图为氧化钴微粒点缀的圆柱形主体。C. M13经过进一步修改，其p3蛋白可与单壁碳纳米管（CNTs）结合。

的材料，比如黄金或碳纳米管。贝尔彻开展了几轮实验，先生产M13变异体，再选出有望与材料互动的那些，最后发现了几个能与材料紧密结合的变异体。

贝尔彻接着更进一步，试着把M13改造得更具适应性。她想到，如果能重新设计p8的2700个外壳蛋白，使它们与其他分子大类结合，她就有了一件多功能工具。她和同事给M13加入了一个基因序列，使p8蛋白获得了一串负电荷。这使每个p8蛋白的末端都具有了黏性，能固定住带正电的粒子——比如氧化钴这样的电池材料。想象一下这个方法的潜力：这个经过贝尔彻修改的新M13病毒有了2700个黏性末端，能与各种带正电的金属粒子结合。

贝尔彻并未就此止步。将M13的2700个蛋白改造成电池零件的附着位点是一个重大进展，但她还要保证那些必须在电极之间移动的电子和离子能够快速流动。为了解决这个问题，她把目光转向了M13的另一种蛋白：在M13中央管道的一头构成丝状物的p3蛋白。在自然界中，M13病毒的p3蛋白能与其宿主——大肠杆菌表面的蛋白结合，所以M13才有了"噬菌体"的名称。根据贝尔彻的推理，既然p3能与细菌结合，那么或许经过修改，它还能与某些材料结合，这些材料可以作为电子和带电金属离子的管道，使它们可以在电池内部快速移动。她和同事再次通过噬菌体展示找到了一种p3的变异体，它能与一种广为人知的离子导体——单壁碳纳米管结合。

因为这些工作，贝尔彻得以建起一个病毒库，里面收录了各种经过特定修改的M13病毒变异体，每种变异体都能与一两种可以制作电池的材料结合。有些修改介导了M13和某些材料（比如金）的特定的相互作用；还有些介导了M13和几种离子材料的非特定的相互作用，使M13能与氧化钴或磷酸铁等带电粒子互动。它们有的与碳纳米管结合，以加速电子运动；还有的被修改成了双基因系统，以产生M13的超级变异体。掌握了这些新工具，贝尔彻的实验室就开始制造基于病毒的电池电极了。[35]

∞

我想亲眼看看那些病毒工厂，于是到贝尔彻的实验室拜访了她。她派了一名电池狂热者研究生艾伦·兰西尔（Alan Ransil）做我的向导。看着兰西尔对未来能量存储技术的兴奋，听他热切地分享自己的知识和抱负，我觉得"狂热"二字已经不足以形容他了。

当兰西尔打开贝尔彻实验室的大门，我看到每张实验台上都摆满了先进的机器和工具，以及这些机器和工具服务的材料。目标明确的研究者和博士后来回走动，从一部机器到另一部机器，在一个个区域和房间中进进出出。安杰拉·贝尔彻的工作吸引了一批年轻研究者，他们来自世界各地，出身于十几个不同的学科。任何时候，她的实验室里都驻扎了近二十名研究者，每人逗留的时间从六个月至几年不等。比如兰西尔，他是在斯坦福念的本科，研究方向是为太阳能电池开发新材料。现在他已经成了这间实验室的常驻专家，研究如何将电池设计成新的形状，比如手表带或轿车仪表盘。杰兰（Geran）来自新西兰，出身材料工程，眼下在设计以硫为基础的大容量电池电极。来自以色列的尼姆罗德（Nimrod）有生物学背景，目前研究的是用于电池的噬菌体的3D打印。这是一个由新兴能源方面的专业人士组成的"联合国"，他们的学位涵盖了应用物理、化学工程、生物学和材料科学，国籍包括了土耳其、印度、日本、美国、中国、加拿大、英国、德国和韩国等。他们虽然有着各自的研究目标，但谁也不知道他们在走廊里的交谈中会产生怎样的可能性，说不定能通过改造病毒把天然气变成汽油？又或者发明一种新的成像方法看清小丛肿瘤细胞，使癌症手术变得更加有效？

这些"疯狂"的想法大部分被立刻抛弃，但也有几个走到了实验室之外。比如，贝尔彻实验室的一家衍生公司Siluria，就是将天然气转化成了石油和其他液体燃料，开创了一条运输和存储甲烷等天然气的廉价途径。实验室的另一个项目最近也走到了临床试验阶段，测试贝尔彻和同事设计的一项新颖的成像技术能否更加有效地引导卵巢癌手术，并提高病人生存率。

进入实验室后，兰西尔领着我一个个房间地参观，一路展示用病毒制作电池的步骤。我们走进一个房间，里面布满冰柜，那些都是贝尔彻的病毒库，兰西尔拉开一只冰柜，里面有几十只5英寸见方的盒子。他取出一只盒子，盒中有144支精心摆放的小瓶，他从中抽出一瓶，然后将盒子放回架子上，合上了冰柜门。他的动作很迅速，尽量不引起冰柜的温度变化，那里常年维持在零下80摄氏度，以避免病毒库中的样本降解。

此前兰西尔已经制备了一个宿主菌落，供病毒感染。我看着他小心翼翼地解冻冷冻的病毒样本，然后将其放入细菌，让病毒感染细菌。接下来的12个小时，他还要扩大受感染的细菌样本。他首先会把样本转移到一只小烧瓶里的培养基中，并将烧瓶放到一张37摄氏度（相当于人类体温）的摇床上旋转。接着他会将样本转移到一个较大的容器内，然后是另一个大得多的容器。在那之后，他就会将增殖了10^{16}倍的病毒从细菌宿主身上提纯分离。他向我展示了其间的各个步骤，如何将原料从室温的实验台上转移至较冷的房间，再从较冷的房间转移至加热板上搅拌好的溶液里，每一步都要小心计算，以保证其成分的纯粹，最后还要在最恰当的时间以最适浓度混合。当我们从实验室的一个工作站走向另一个工作站，途中常要在过道墙上的一张流程图前止步，看看这套基于病毒的电池生产流程已经进行到哪一步了。这个过程有点像是对着一本烹饪书做菜，区别在于每份菜谱都是兰西尔和同事自己写的，他们还在时时对这些菜谱进行改进。

当混合、培育、提纯、溶解、称重和干燥阶段全部结束，就该组装电池了。我们走进一间实验室，迎接我们的是一排密集的黑色橡胶臂和橡胶手，它们五指张开，从一间长长的玻璃房中伸出，玻璃房里是一张实验台。兰西尔介绍说，这些橡胶手臂其实都是手套，它们向外鼓胀，是因为那间玻璃房内充满压力固定的氩气。氩气不易产生化学反应，价格也较便宜，它能确保玻璃室内没有氧气，也没有环境空气带来的湿气，因为这两样东西都会破坏电池零件，使它们无法组装成电池。

兰西尔将双手插进一副手套，并将手套推入玻璃室内，开始在这个充满氩气的环境中工作。他抄起一只镊子，将一堆电池零件装进了一个扁平的、圆形的电池外壳。他把这个外壳的一面放在一张超净的实验室纸张上，开始制作电池。电池的第一层是一张锂箔圆片，作为负极。他接着滴了几滴电解质溶液，加入一层塑料分隔片，又滴了几滴电解质溶液，然后又加了一层圆片，这层圆片看起来像一层金属箔，但它其实是基于病毒的电池正极。

他又滴了几滴电解质溶液，然后盖上电池外壳，将它褶边封闭，并宣布电池做成了。

兰西尔的电池看上去极像手表上用的那种纽扣电池，它们的外形也确实相同。贝尔彻实验室将新颖的生物学电池零件装进了标准电池的外壳，并用来给传统电器供电。

我向来很喜欢实验室。我喜欢它们的景象、气味和其中的机器。但最重要的是，我喜欢那里面紧张的工作及合作精神，这两样使不可能的事情变成可能。在许多方面，贝尔彻实验室都使我想起了我的神经生物学实验室，但是当我努力领会安杰拉·贝尔彻是如何以如此不同寻常和出乎预料的方式将生物学融入工程学时，我顿时兴奋了起来。

　　不久前的一个下午，当我们正讨论能源的未来时，贝尔彻忽然要跑去进行头脑风暴了，这是她和研究组的同事定期进行的环节。"这绝对是我最喜欢的活动。"她说，"每当我们碰撞想法，有人提出新的思路时，我都会兴奋得发抖。"我完全明白她的意思：这就是集体思考的魅力。贝尔彻那独特的跨学科思维是天才的表现，她也自有一种天分来助长这种跨界，正是这一点在2004年为她赢得了麦克阿瑟奖

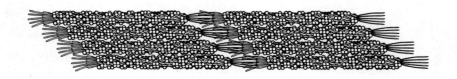

M13病毒的结构能促使它们自行组装成一片片电极材料。

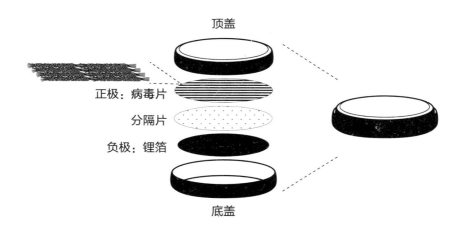

顶盖

正极：病毒片

分隔片

负极：锂箔

底盖

一枚病毒"纽扣"电池的组装：用一层锂箔作为负极，一层经过修改的M13病毒作为正极。各层零件被封装在一个纽扣电池壳之中。

（MacArthur Fellowship），也就是大家所说的"天才奖"。

∞

就这样一步一步，贝尔彻利用她那些病毒驱动的新工具和新技术，将电池必需的所有零件组装了起来。2006年，她宣布成功制造了一个由病毒驱动的负极[36]，2009年，她又做出了正极[37]。病毒可以用来改进电池中储存能量的两个部件的想法引起了广泛的关注。当前总统奥巴马于2009年秋季访问MIT[38]、重申他对全国许下的可持续能源未来的承诺时，我们向他展示了几项颇具前景的新能源技术，其中就包括这款基于病毒开发出的电池。贝尔彻向奥巴马介绍说，她的目标是找到新的材料，用于她那个开创性的生物制造工程，她还给了奥巴马一张袖珍元素周期表，说是给他"在陷入困境时计算分子量用"。奥巴马毫不迟疑地回答："谢谢，我一定'周期性'地看一看它。"

今天的电池生产是一个能源密集的过程，会产生大量的有毒废料。但是贝尔彻的病毒电池就像鲍鱼壳的生长，能够柔和地进行。这对解决我们的能量储存难题是一个重大贡献，贝尔彻也理应因她自己和同事的成就感到自豪。她告诉我："这些生物电池都是在室温下进行组装的，它们不使用有机溶剂，也不给环境增添有毒物质。"标准的电池生产过程[39]需要将近1000摄氏度的高温，并产生相当于每千瓦·时150至200千克二氧化碳的废料[40]，而这仅是在最核心的电池生产环节。相比之下，贝尔彻的方法使我们在解决能量储存难题的路上前进了一大步。

但贝尔彻并未就此止步。她的下一个课题是，这个基于病毒的前沿电池技术能否发挥能量储存和运输之外的功能。比起被动地给一辆轿车加点重量，能否考虑将它们做成一块仪表盘、一只椅套或是一扇车门？如果可以实现，那将是一款"绝杀应用"，会一举将基于病毒的电池从她的MIT实验室里推向市场，正如她另外几家从实验室起航的初创公司。

　　贝尔彻确信，未来的能源将和今天的有根本性的不同，许多位能源创新方面的领跑者也有着同样的信心。她意识到我们的能源经济不会永远依赖石油。就连沙特阿拉伯的前石油部长谢赫·亚马尼*也明白这个道理，他说过："石器时代结束，并不是因为石头用光了。石油时代也会结束，在我们把石油用光之前。"

　　当然，当下仍是石油时代。但安杰拉·贝尔彻和她的同事相信，只要好好利用生物学的智慧，他们就能为石油时代画上句号。

---

* Sheikh Yamani，他在1962年至1986年间出任石油部长一职，这段时间世界原油产量翻了一倍还多[41]。

第三章
水，到处是水

　　20世纪80年代末，彼得·阿格雷（Peter Agre）无意中的一项发现[1]从此改变了我们对水的看法。他当时刚刚被约翰霍普金斯大学医学中心血液科任命为医师科学家（physician-scientist），正打算研究造成Rh溶血病的那种蛋白[2]，Rh病是一种可怕的疾病，会损害发育中的胎儿。红细胞的表面都携带Rh蛋白，如果母亲红细胞上的Rh蛋白和胎儿的不匹配，母亲的免疫系统就会对胎儿红细胞上的Rh蛋白发动攻击。这种免疫攻击可能会杀死胎儿的红细胞，使胎儿无法获得氧气，并由此造成一系列问题，有时甚至会致胎儿死亡。到了20世纪80年代末，虽然医学在预防胎儿Rh病上已经有了长足进步，但还没有人识别出Rh蛋白，或判断出它的正常功能。

　　阿格雷决定解决这些问题。他使用了传统方法[3]，也就是从红细胞膜上提纯足够量的Rh蛋白，然后一举将它们识别出来。他取了大量的红细胞，并将细胞膜与其他部分分离。接着他又设计了一套细致的步骤，用以将Rh蛋白从红细胞膜上的其他蛋白中提取出来。但是当他进行到最后一步时，他惊愕而沮丧地发现了一个闯入者——不知不觉间，他精心提纯的Rh蛋白里竟混入了一团污染物。无论他如何小心操作，每次实验时，这团污染物总能混进来。

这真是令人发疯。每个做实验的科学家都知道那是什么感觉：你已经采取了一切防范措施，每一步都已反复核查，可是到头来，你那个无比纯粹的样本里却仍有杂质。起先你不相信这个结果，接着你怀疑是实验流程出了问题，最后你感到胃里一沉，一股挫败感油然而生。不过接下来，你还是会列出一张长长的单子，在上面寻找可能的解释。阿格雷和他的同事就是这么做的。起初他们希望遇到的是最好的情况，即污染物只是Rh蛋白的一块碎片。然而后续的分析结果却令人失望：污染物并非Rh蛋白的碎片，而是一种未知的蛋白。阿格雷完全不知道那是什么，也不知道它有什么功能。他更不知道的是，对这个闯入者的分离将引出一个伟大的发现，这一发现将在2003年为他赢得诺贝尔化学奖[4]，并为世界淡水的净化开辟全新的可能。

∞

我们的生存离不开水。水在我们身体中所占的比例超过70%[5]，我们的饮用、耕种、运输、制造等活动都需要充足的水源。水也无处不在：它们覆盖了地球表面约70%的面积，共计约3万亿亿（300×10^{18}）

加仑[6]，但其中的大部分（超过95%）都是海洋中的咸水[7]，这部分水不能喝，不能浇灌庄稼，也不能满足我们的大部分用水需求。

我们需要淡水才能生存，而淡水只占地球总水量的不到5%。况且在地球淡水中，又有一大部分位于冰层、土壤和大气之中。剩下的只有约1%的淡水可以为我们所用，这个比例并不足以支持我们所知的生命。今天有超过10亿人口缺乏饮用水[8]，无论发达国家还是发展中国家都受到干旱的威胁。我们需要更多淡水，最容易想到的办法就是抽取我们周围大量存在的海水和污水，对它们进行淡化和净化[9]。

水的净化历来对人类生存至关重要。早在公元前1500年，古埃及壁画就示范了靠过滤净化水的方法。[10]亚里士多德也描述了如何靠蒸馏获得净水。[11]虽然和那时候相比，我们的净水手段已经有了长足进步，但大体仍在沿用这两项基本技术。即使经过了4000年的技术改进，靠蒸馏和过滤来净化水[12]还是太慢、太贵，效率太低，无法满足我们日益增长的需求。我们需要全新的方法来生产净水。而彼得·阿格雷1992年的发现[13]就指出了一条诱人的新路，虽然当时他还未意识到这一点。现在看来，解决用水困难的方法，或许就藏在我们自己体内，在阿格雷发现的那种神秘的蛋白里。

∞

1988年，阿格雷发表一篇论文[14]，报告了他发现的这种红细胞蛋白。在文中，他坦言这种蛋白的作用"尚不明确"，而这种声明会使任何一位发出它的科学家感到羞愧。

阿格雷一直困惑于这种神秘的蛋白能做什么，直到1991年的一次和家人的外出露营，他才在解答这个困惑上取得了进展。

阿格雷和家人很喜欢户外活动，一家人常趁着假期到各个国家公园露营。那一年，当阿格雷和妻子问孩子们这次该去哪个国家公园时，孩子们马上异口同声地回答：迪士尼世界*！于是阿格雷和妻子将佛罗里达定为了当年的目的地。但是他们没有百分百满足孩子们的愿望，和所有好父母一样，他们在小车里装满行李，驶向了大沼泽地国家公园。不过他们毕竟对孩子们做了些让步，漫长的归途中在迪士尼世界停了一站，并在杰里斯通公园**露营。在那之后，在返回巴尔的摩的途中，他们又决定在北卡罗来纳大学教堂山分校逗留，去那里看望阿格雷的老朋友兼导师约翰·帕克博士（Dr. John Parker）。正是这个决定带来了意外的好运。

帕克是一位临床血液学家和肿瘤学家[15]，在阿格雷接受临床训练

---

* 指佛罗里达州的迪士尼世界。

** 位于前文提到的迪士尼世界，是水上乐园，有露营区。

时做过他的导师。就像经常发生的那样，在那之后，阿格雷一直很信任帕克，帕克也继续为他提供非正式的指导。当年就是帕克鼓励阿格雷研究红细胞膜的。从迪士尼世界归来之后，阿格雷怎么也忘不了实验室里的那个谜，于是他把那些令他困惑的结果告诉了帕克。他描述了那种神秘蛋白是如何混过精密费时的提纯过程，始终悄无声息地跟随Rh蛋白的，而他又是如何发现它大量显示在肾脏中的，但是肾脏里并没有Rh蛋白。无论怎么尝试，阿格雷就是无法弄清这种神秘蛋白究竟是什么。当他把这段传奇的故事告诉帕克，帕克很快就明白了其中的奥妙。既然肾脏细胞和红细胞都会通过细胞膜运输大量水分，帕克认为，阿格雷可能已经发现了科学家长期寻找却始终求之不得的水通道，而且阿格雷发现的这种神秘蛋白或许能解答一个长期令科学家困惑的问题：水是怎么穿过细胞膜的？

科学家很早就认识到了这个问题的重要性：构成我们身体的35万亿个细胞[16]，每一个都在精心监控并调节通过其细胞膜的水量。有的研究者认为，它们的表面必然有一种独特的通道蛋白[17]，但他们虽然付出了大量心血，却始终没有找到这种运输水分的蛋白。血液学家特别热衷于细胞如何在其内部和外部之间保持水分平衡的问题，因为红细胞内部的水分必须维持得恰到好处，才能完成将氧气从肺部运输到全身组织，再将二氧化碳运回肺部的工作。只有在内部注满水，红细胞才能运送这些攸关生死的货物。因此，如果真有水通道分子，我们自然应该发现它们在红细胞表面大量存在。

认识到了水分调节对于细胞活力的重要作用，许多科学家开始尝试在细胞表面寻找水通道。水分通过一个名为"渗透"的过程，在细胞内外被动地流入、流出，具体朝什么方向流动，取决于细胞膜内外溶解的物质的浓度。渗透过程调节着一层薄膜或一张滤网内外的溶液浓度。简单地说，如果一张透水滤网隔开了一侧的纯水和另一侧的盐水，那么纯水就会流过滤网冲淡另一侧的盐水，直到滤网两侧盐的浓度达到平衡。

那么水分又是如何通过细胞膜的？当阿格雷和帕克在1991年会面时[18]，大多数研究者还认定水不需要特定的孔隙或通道就能进出细胞。当时公认的模型是，水会自然渗透细胞膜，就像它会渗透其他滤网。[19]

虽然有这个水分转移的公认模型，但帕克这个离经叛道的观点，即那种神秘蛋白或许是一条水通道，却吸引了阿格雷。但他也不知道这是否值得追踪研究。单靠研究一种大多数人认为并不存在的蛋白，是否就能推翻一个广为接受的科学模型？他知道这项研究很可能白费力气，因为此前已经有许多人研究过水通道，而这些人通通无功而返。再说这也肯定会分散他研究Rh蛋白的精力。最明智的做法是放弃这个想法，但他做不到。最后他还是决定沿这条路走下去，力气白费就白费吧。

要研究神秘蛋白，阿格雷就必须改变他在实验室的研究方向。为了证明这神秘蛋白确实是一种水通道，他决定在另一种细胞身上测试它的功能，那种细胞在正常情况下不会让水通过它的细胞膜。阿格雷和同事找到了为神秘蛋白编码的特定DNA链[20]，然后将这段DNA复制进了RNA。只要将RNA注入另一个细胞，就能指导那个细胞生产神秘蛋白了。阿格雷的策略是让实验细胞生产神秘蛋白，然后确定这蛋白是否会像帕克认为的那样，在实验细胞的细胞膜上生成水通道并运输水分。

阿格雷决定用青蛙卵验证帕克的想法。为什么用青蛙卵？因为他知道，青蛙卵能在清洁的水塘里连续浸泡几天，它们在这段时间里始终维持饱满，内部充满养育一条蝌蚪所需的一切。虽然蛙卵内部有极高浓度的盐和蛋白，但水却似乎无法渗透进去，这说明它们那层柔软的薄膜没有来回运输水分的机制。

阿格雷设计了一个比较简单的测试。首先，他向一批蛙卵中注射了神秘蛋白的RNA[21]，作为对照，他又向另一批蛙卵中注射了水。他推测，注射了RNA的蛙卵中会根据RNA的指示生产神秘蛋白。在盐溶液中放置几天之后，两组蛙卵看起来并无不同。接着测试开始了：他将两组蛙卵放进了纯水。结果对照组的蛙卵表现得仍像蛙卵，没有任何变化。而生产神秘蛋白的蛙卵，他欣然对我说道，"像爆米花似的炸开了"。

两组有了什么不同？阿格雷只能得出一个结论：神秘蛋白RNA制

造了水通道蛋白，并将这种蛋白插入了蛙卵的细胞膜。当蛙卵内外的盐度平衡时，两组蛙卵的表现完全一致。但是一旦将它们置于纯水中，注入了RNA的蛙卵表面的水通道就开始放水进入，它们的内部不断被注水，并最终撑爆。

证据找到了！靠着意外的好运和出色的侦探工作，阿格雷发现了那条难以捉摸的水通道。他将其命名为"水通道蛋白"。[22]人们很快发现，他找到的只是一个蛋白家族[23]中的第一种，现在我们将这个蛋白家族统称为水通道蛋白，它们出现在地球上的几乎每一种生物体内，无论是动植物，还是细菌、真菌。

∞

阿格雷精彩的生物学研究，使水通道不仅为科学家所认识，也为工程师和企业家所掌握，现在他们中的一些人正期待将这种蛋白用于大规模净水设施。要理解水通道如何为细胞工作，我们又该如何重新开发它、使用它为我们净水，就要先理解蛋白是什么，蛋白又是如何工作的。

我喜欢将蛋白视作一部部微型机器，每一部的存在都是为一个细胞或组织执行特定任务。用机器做比喻可以帮助我们理解这些任务。水通道蛋白的功能有点像停车场的大门，只允许安装了特定应答器的车辆通过。这种水通道，或者说水门户具有特殊结构[24]，能识别水的原子识别标志，并且只允许携带了特定识别标志的分子进入或离开细胞。除了水，无论盐、酸还是其他一切分子全都禁止通行。

但和真实的大门不同，这部蛋白机器的零件并非由金属铸就或塑料做成。蛋白就像一串串珠子[25]，以极精确的顺序串联在一起。

蛋白串上的这些珠子是名为"氨基酸"的分子，共有21个种类。这些串联起来的氨基酸缠绕成高度有序的结构，构成了蛋白机器的一个个零件。每种蛋白的特定结构和功能都源于两个特征。首先，每个蛋白串上的氨基酸珠子都以独特的顺序排列。氨基酸只有区区21种，但如果考虑到一个标准的蛋白包含了100多个氨基酸，那么它们可能的组合就有很多了。其次，由于一些氨基酸相互吸引，另一些相互排斥，这种引力或斥力会使每串氨基酸缠绕成特定的形状，正是这些形状使蛋白具有了功能。

蛋白有多种多样的功能。有一个蛋白家族专为各种材料提供穿越细胞膜的导管。这些导管或通道非常挑剔，只允许一种或少数几种分子出入细胞。有些通道通过单向阀门运送货物，只允许特定的分子货物沿一个方向移动，要么进入细胞，要么离开细胞。另一些是双向阀门，特定的货物既能进入也能离开。有的通道运送钠，有的运送氯化物，还有的运送水——就像阿格雷发现的水通道蛋白那样。

指出这种神秘蛋白的功能是充当水通道之后，阿格雷就开始了对

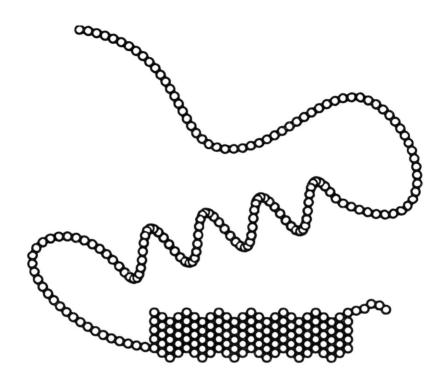

蛋白是由氨基酸串构成的，就像用一根线串起的珠子。氨基酸的顺序由DNA（或RNA）中的核酸碱基决定。21种标准氨基酸的化学性质——它们之间的相互吸引或排斥——决定了蛋白的结构。这些引力或斥力能使蛋白片段缠绕成螺旋状（上图中部），折叠成薄片（上图底部），或形成其他形状。

水通道蛋白这个全新世界的探索。他先确定了水通道蛋白的完整氨基酸序列，又确定了这些氨基酸通过缠绕和打圈[26]，形成了类似沙漏的、带细颈的形状。这个沙漏贯穿整个细胞膜的截面，它中间的开口相当于一条选择性极强的通道，能将水分向细胞膜内部和外部双向输送。

一条氨基酸串的缠绕方式会将特定的氨基酸放到特定的位置。不同的氨基酸有不同的性质：有些带正电，有些带负电；有些排斥水，有些吸引水；有些排斥脂肪物质（如构成生物细胞膜的脂质），有些则吸引它们。阿格雷及同事指出，水通道蛋白的构成，是那些吸引脂质的氨基酸构成沙漏的外表面（并与脂质的细胞膜互动），而那些吸引水的氨基酸构成沙漏的内表面。

那么，水通道蛋白又为什么能允许水在细胞中进进出出，却又阻止其他物质通过呢？阿格雷绘出了通道上排列着的氨基酸，并发现沿着通道壁，交替分布着正电荷和负电荷，就是它们通过通道运送水分子——也只运送水分子。

水通道蛋白对水的专一性来自水的原子结构。水分子有着不对称的结构和不对称的电荷分布。一个水分子（H_2O）包含两个氢原子和一个氧原子。这个氧原子使它的一端带负电荷，两个氢原子使它的另一端带正电荷。在中学科学课上，我们知道了水分子因为具有非对称性，在水变成固态的冰的过程中，其内部的正负电荷会相互吸引形成晶体[27]。在通过细胞膜时，水分子中电荷的非对称性也发挥了作用：水

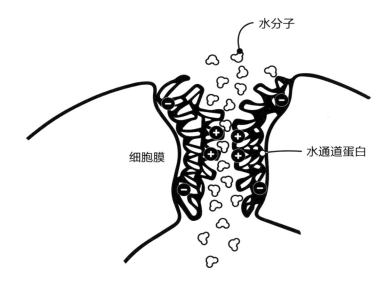

水通道蛋白会在细胞膜中形成沙漏形状的通道。这些通道允许水分子通过脂肪构成的细胞膜。从横截面看，面向通道内侧的水通道蛋白氨基酸吸引水分子，而面向细胞膜的那一侧由吸引脂质（吸引细胞膜）的氨基酸构成。水分子中正负电荷的分布方式能指导其穿过通道。

通道蛋白的内壁上交替分布着负-正-负电荷，由此护送水分子一个一个地穿过通道，速度达到惊人的每秒30亿个。

在阿格雷发现第一种水通道蛋白之后，他和其他研究者很快又发现了这个水通道蛋白大家族中的其他成员。从简单的细菌到复杂的动植物，几乎每个生物体内都有它们[28]。有的水通道蛋白只传导水，就像阿格雷发现的那第一种，还有的也传导其他分子[29]，比如甘油分子和尿素分子。

阿格雷对自己的发现看得很轻。"这并不需要什么天才能力。"他告诉我，"但我很高兴能解决它，我采用的是经过时间检验的方法：闷头撞大运。"他这么说太谦虚了。也许幸运起到了一定作用，但坚定和探索精神同样必不可少，是的，还有高超的天分。

从阿格雷的发现开始，各个学科的研究者都开始研究水通道蛋白及其在各种过程中的作用，比如植物的根系是如何运输水分的[30]，肾脏又是如何过滤水分的[31]。这些研究成果斐然。但到了2000年，水通道蛋白的故事又出现了一个极大的转折，当时在伊利诺伊大学念生物物理学博士的莫滕·奥斯特伽德·延森（Morten Østergaard Jensen）读到了阿格雷对水通道蛋白原子结构的报告。读着读着，延森感到脑袋里亮起了一盏灯：除了生物体内的细胞，还能否用水通道蛋白净化别处的水？能否制造一台基于水通道蛋白的净水器，以满足人类文明不断增长的净水需求？

∞

　　为探索这个想法的潜在可能，2005年，奥斯特伽德·延森和他的朋友彼得·霍尔默·延森（Peter Holme Jensen）结成了团队，后者是一位连续创业家，学术背景是结构生物学。当两人进一步了解了水通道蛋白的原理之后，他们更加确信能将它们整合进一张薄膜，做成滤网，由此生产出一款基于水通道蛋白的净水器。在他们的设想中，这张滤网将只允许水通过。他们越是思考这款以生物学为基础的净水器，就越感觉它有潜力。水通道蛋白在水分子运输上的专一性，能使它比目前生产的过滤器更加高效。就像霍尔默·延森后来对我说的那样："既然有了自然的天才造物，又何必再想着自己发明出更好的东西呢？"

　　2005年，两人成立了名为"水通道蛋白A/S"（Aquaporin A/S）的净水公司，公司总部设在丹麦，目标是利用水通道蛋白对分子的选择性来研发新的净水技术。他们很清楚，2050年的世界人口将超过95亿[32]，只有发明新的技术，才能满足这个日益迫近的用水需求。他们决心看看要做些什么才能摸索出一条新的净水策略。我问霍尔默·延森，从科学发现到可能拯救世界的应用，他是怎么完成这次惊人的智力飞跃的。他回答："这很简单。"也许对他简单，对别人就未必了——现在他的工作是说服、招募别人，来帮他一起实现这个远大理想。

2006年，霍尔默·延森招到了一位杰出人才。他任命这位叫作克劳斯·海利克斯–尼尔森（Claus Hélix-Nielsen）的人才出任水通道蛋白A/S的首席技术官。当时海利克斯–尼尔森在丹麦理工大学环境工程系，以及在斯洛文尼亚马里博尔大学化学工程系任教职，他现在仍在这两所大学任教。他和霍尔默·延森立刻擦出了火花。两人共同开始了一段冒险，他们的目标是升级一款基于水通道蛋白的净水薄膜，用原本只为单个细胞服务的它来满足一座城市的用水需求。

　　为了更好地了解水通道蛋白A/S的业务，我飞去丹麦拜访了海利克斯–尼尔森[33]。他是一个兴趣广博的男人，我们讨论水通道蛋白时，他的话头不时转向其他精彩领域，并和我分享了他的各种感想，比如动物视觉和机器视觉的物理限度，以及莫扎特与海顿的书信往来。小时候，他本来想做考古学家或建筑师的。但后来他迷上了人脑对信息的加工和存储，于是将专业转到了生物物理学。起初他的兴趣是研究人类的视觉系统。但是，当他试着理解人脑的神经细胞及其复杂回路如何在我们感知其存在时令我们产生视觉这个问题时，他又对一个更加宽泛的问题产生了兴趣：一个系统中各个部分的单独活动，是如何组合起来执行系统总体的复杂活动的？他很快意识到，人类的视觉太过复杂，无法使他在这个宽泛的问题上取得进展，于是他转而研究起一个简单明确的领域：物质是如何沿着特定的蛋白通道穿过细胞膜，这些蛋白又是如何与细胞膜相互作用的？终于在2005年，他的注意力为水通道蛋白所吸引，这种蛋白能轻易将水和一切污物分开，这点令他大为着迷。

当然，要将一个基于水通道蛋白的净水系统投入实际应用，它至少要在成本和效率上与现有的系统相当[34]。他们能否设计、开发出这样一台设备，在世界范围内满足人们对纯净水的需求？我刚刚到达水通道蛋白A/S公司，海利克斯-尼尔森就领着我来到一片展示区，那里有许多引人注目、大小不一的塑料气缸，它们就是公司展示出的产品。那些气缸上标着"内有水通道蛋白"，它们都是净水设备，小的才几英寸长，大的超过3英尺（约1米）。它们大部分仍在开发中，但海利克斯-尼尔森还是自豪地递给我一支，它长约1英尺（约0.3米），直径4英寸（约10厘米），公司已经在中国的私人住宅中试验它了。

∞

在水通道蛋白A/S，当海利克斯-尼尔森、霍尔默·延森和同事们计划将净水功能从细胞提升到城市层面时，他们面对的是一连串令人却步的难题。一个红细胞制造的水通道蛋白只够为它自身过滤水分，这个需求不算大，因为细胞才这么小。红细胞的直径不到10微米[35]，也就是说150个红细胞头尾相连，才相当于一枚十美分硬币的厚度[36]。海利克斯-尼尔森和同事认识到，如果他们想发明一台商用净水器，即便一开始只在住宅中使用，他们也得设法生产出比细胞生产出的多得多的水通道蛋白。另外，他们生产的水通道蛋白必须十分稳定，因为商用净水器不具有细胞机制，无法在水通道蛋白老化时生产出新的换掉它们。又因为他们这台净水器处理的水量比细胞大得多，他们的水通道蛋白还必须嵌进一张比细胞膜坚固得多的膜状物中。

为解决第一个问题，即生产大量蛋白交付商用，海利克斯-尼尔森在生物制药业中找起了灵感。这个灵感不能在20世纪找。20世纪的几种重磅药物[37]，包括阿司匹林、对乙酰氨基酚（泰诺林）、阿托伐他汀（立普妥）和奥美拉唑（洛赛克）都出自化学实验室，这些实验室设计出巧妙的方法识别各种化学物质，并用化学手段合成一大批化学药物，从而以极高的专一性干预或补充细胞的生理过程。但现在许多最新的药物都是生物制品，不再是合成出来的化学制品了，比如从生长的细胞中收割的蛋白。运用生物学的智慧，新一代药物研发者正在操控生物学机制，诱导活的细胞生产基于蛋白的药物，比如治疗自体免疫疾病的阿达木单抗（修美乐）和依那西普（恩利），还有许多新的抗癌药物，包括曲妥珠单抗（赫赛汀）、利妥昔单抗（美罗华）和贝伐珠单抗（安维汀）。

为大量生产这些药物以供人类使用，生物制药行业想出了在大桶中培养微生物，然后从中提纯特定蛋白类药物（protein drugs）的方法。基因泰克、健赞、安进和渤健等药企都发明了提高产能的可靠方法,已经能以工业规模生产这类新药了。海利克斯-尼尔森设想,他也可以用同样的技术量产水通道蛋白。2006年,他和同事联手几位分子生物学专家,开始研究各种微生物,以便物色一种细胞"工厂"。他们最后选中了大肠杆菌,原因有两点。第一,大肠杆菌是很好培养的生物,而且生物制药行业已经掌握了如何以它们作为生物工厂来制造胰岛素和生长激素等基于蛋白的药物[38]。第二,大肠杆菌本来就会自行生产水通道蛋白[39],因此可以在不杀死细胞的前提下诱导它们生产更多。总而言之,大肠杆菌很有潜力成为商用水通道蛋白的强大生产者。

但是,海利克斯-尼尔森和他的团队又遇到了其他困难。在水通道蛋白和现有的生物药品之间有一个关键区别。目前的细胞在制造生物药品时,大多是将蛋白药物分泌到它们周围的液体中去。接着将分泌出来的蛋白和这些浸泡细胞的液体一起回收,再将蛋白从液体中提取出来即可。但是正如阿格雷所指出的,水通道蛋白是嵌在细胞膜里的。生产水通道蛋白的细胞并不会将它们分泌到周围的液体中,而是会将它们插入自身的外膜。要从细胞中收割水通道蛋白,水通道蛋白A/S的团队就必须首先提取细胞膜,然后开发细胞膜破开技术,好从中提取水通道蛋白,但这两个过程都很剧烈,会造成许多生产出的蛋白死亡。

我们已经看到,一种蛋白的功能取决于一串氨基酸会如何缠绕,之后又如何维持其特定的三维结构，而缠绕的过程又取决于氨基酸之间的引力和斥力。这两种力会被许多种因素破坏，只要出现任何一种，蛋白就会松开，造成结构的变化，蛋白的功能也会因此受到影响。如果蛋白的序列断裂，蛋白就会丧失其功能，无法工作。在一个活细胞内部，这些往往不是严重的问题，因为细胞机制可以修复或替换失效的蛋白[40]。但是要让蛋白在商用净水器中发挥作用，它就必须在很长的时间内，不依靠修复或替换维持原来的结构。幸好，水通道蛋白异常稳定。

也许它们非这样不可。和我们体内的其他细胞不同，红细胞并不具备修复和替换自身零件的机制，也缺乏分裂的机制。因此，红细胞的蛋白必须非常稳定，才能在通过全身血管的险峻旅程中存活下来。它们还必须稳定到可以生存四个月[41]，这和其他细胞相比堪称长寿：皮肤细胞的寿命不到一个月[42]，消化系统内壁的细胞寿命不到一个星期[43]。这对水通道蛋白A/S的团队来说是一个好消息：水通道蛋白为了服务红细胞而变得十分稳定，它也因此能承受将它从细胞膜中提取出来所需的极端温度[44]和化学条件[45]。即使经过严酷的提取过程，水通道蛋白依然不会丧失其滤水功效。为此，当海利克斯-尼尔森向我描述他们制造水通道蛋白净水器的冒险事业时，他说了句："我们的运气真好。"

∞

　　到目前为止，一切都很顺利。通过修改来自生物制药业的技术，水通道蛋白A/S团队设计出一套生产大量水通道蛋白的流程。但下一个难题又赫然出现在眼前：如何将分离出来的水通道蛋白重新嵌进膜里[46]。

　　他们发现，这个问题解决起来相对简单。水通道蛋白的结构决定了它会寻找脂质环境，也就是说，一个由油或黄油——而不是水——这类分子构成的环境。细胞膜就是脂质环境，能将细胞内外的水环境分隔开。细胞内外的溶液中包含了各种分子，比如氯化钠（标准食盐）和其他盐类分子，以及溶解于水的蛋白之类的有机分子。无论细胞内还是细胞外，哪个环境都要在溶液中维持恰当的分子组合，是细胞膜使这一点成为可能。根据不同的要求，水通道蛋白和其他通道蛋白会将水（就水通道蛋白而言）或钠等其他分子（就其他通道蛋白而言）从细胞膜的一侧运至另一侧。

　　还记得吗？像蛋白的所有其他组件一样，水通道蛋白那个沙漏的瓶壁，也是由氨基酸构成的。有的氨基酸会溶于水（它们是"亲水性"的），还有的氨基酸溶于油脂，但回避水（它们是"疏水性"的）。水通道蛋白的外壁由疏水性氨基酸构成，它们专门寻找脂质环境。基于这一点，海利克斯和他的团队在提取出水通道蛋白之后，只需将这些蛋白与脂质薄膜构成的球体混合就行了——那些球体是他们用特殊聚合物制作的,之后,水通道蛋白就会自行嵌入那些球体。

再下一步就是用这些聚合物——嵌入了水通道蛋白的微小球体制造一台净水器了。一般人最容易想到的做法是将这些球体展开,让它们相互连接,形成一张扁平的滤网。但薄膜似乎天然有聚成球体的倾向。要将它们强行展开并保持平坦,是一个困难而昂贵的过程。2009年,海利克斯–尼尔森和他的团队与新加坡膜技术中心(Singapore Membrane Technology Center)的科学家展开合作,以确定能否彻底舍弃展平过程,并制作一个完全由膜球体(membrane sphere),或者用他的话说,由"泡囊片"(vesicle sheet)组成的过滤装置。按照他们的设想,这个过滤装置不是一层布满水通道蛋白小孔的平板膜,而是一层嵌满了包含水通道蛋白的球体的薄板。

但这也会造成一个潜在的问题:要通过一层包含完整泡囊的薄片,水分子就不能只穿过一条水通道蛋白通道,而是要穿过两条。它们必须先经由一条通道进入球体,再经由另一条通道离开。

团队还要想到另一个大问题:像这样设置两条通道,会不会降低净化过程的效率?事实证明,这并不会。2012年,海利克斯–尼尔森和新加坡膜技术中心的同行开发出了一款比平铺片更便宜、更牢固的泡囊片[47],他们还证明,当水分子通过泡囊,也就是先后穿过两条通道时,水流的速度并不会变慢多少。生产泡囊片比生产平铺片容易得

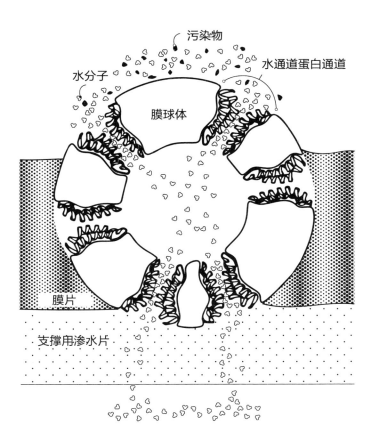

一个嵌入了水通道蛋白的泡囊横截面，水正从水通道蛋白滤网的一侧被运送至另一侧。来自污染源（顶部）的水流经由一条水通道蛋白通道进入泡囊，再经由另一条水通道蛋白通道离开泡囊。整个泡囊镶嵌在一层膜片中，膜片下方还有一层多孔渗水片支撑。水（也只有水）在穿过泡囊上的两条水通道蛋白通道之后，再穿过支撑用的多孔渗水片，产生纯净的水溶液（底部）。

多，与之相比，水分子穿过两条通道只会略微影响效率，大可忽略不计。

一层细胞膜只要能有效地分开不同的水的区域（细胞内和细胞外的），它就已经完成了任务。然而细胞膜在结构上并没有多少完整性：它只是一层极薄的脂肪，构成了一个细胞的外壳。它无法承受一层有滤水功能的膜需要承受的力。一层平铺的细胞膜[48]厚度不到10纳米，即便是海利克斯-尼尔森和同事精心设计并制作的那种含泡囊的膜片，厚度也才200纳米左右，仍及不上水塘表面的一层浮油。这层水通道蛋白泡囊片，还需要一层更坚固的结构来支撑。

为解决这个问题，水通道蛋白A/S的团队想出了一个办法：在水通道蛋白泡囊片下方垫一层多孔材料[49]。海利克斯-尼尔森把这个结构比作一块松糕上铺一层薄薄的糖霜，糖霜上又点缀了几粒葡萄干。其中松糕相当于起支撑作用的多孔材料，糖霜代表泡囊片，而葡萄干就是嵌在泡囊片里的包含水通道蛋白的球体。这是一个非常精巧的结构，水通道蛋白A/S已经有了将它工业化量产的手段。

靠水通道蛋白净水的梦想已经在一次高调的测试中证明了自己：2015年，丹麦宇航员利用水通道蛋白A/S的净水膜在太空中过滤了他们的饮用水[50]，任何太空计划要想成功，水的循环利用都是一个必要条件。现在，水通道蛋白A/S又和中国的合资公司"博通"（Aquapoten）合作，希望能尽快将用于水龙头的净水系统推向市场。在我参观期间，霍尔默·延森和海利克斯–尼尔森向我展示了一台原型机，并解说了它的工作原理。它由三四个圆筒形滤芯组成一套，每一个长约1英尺、直径几英寸，安装在水槽下方的一个小塑料柜中。当水沿着进水管流向上面的水龙头时，它会先被以普通净水设备水流的两倍速推动过水通道蛋白膜，其时的流速是普通净水设备的两倍。根据进水管中水质的不同，这台水通道蛋白A/S净水器大约需要每半年更换一次滤芯。

∞

除了水槽用净水器，海利克斯–尼尔森还想了许多方法优化水的使用。他指出，大多数人在用同等品质的水满足所有的用水需求。在美国，这意味着人们用同一水源的水倒进水杯、清洗衣服碗碟、浇灌花园、给马桶冲水。类似地，在许多发展中国家，人们也使用同一个受到污染的水源的水来吃、喝、洗衣和灌溉。霍尔默·延森、海利克斯–尼尔森和水通道蛋白A/S希望改变现状，方法是大幅推广水的"特定使用"。这个想法已经流行起来了。比如麻省理工学院的一幢建筑就已经采用了这个方法，他们安装了两套供水系统，一套是供人饮用和洗碗的超净水，另一套是用来冲洗厕所和灌溉的循环水。

如果这款家用净水器能够研制成功，水通道蛋白A/S就打算再研发一套技术，以改变人们在21世纪对水的使用。海利克斯–尼尔森想到了用一套基于水通道蛋白的正渗透系统减少全世界的农业用水和用水浪费——这是一个可能掀起革命的目标，因为今天地球上的淡水使用约有七成都在农业领域[51]。他向我展示了这样一个系统将会使用的巨大过滤筒的原型，然后解释了系统的运作方式：让高浓度肥料在水通道蛋白过滤器的一侧流淌，它的另一侧流淌着今天的农场会让它们白白流走的径流水。由于肥料溶液的浓度高于径流水，渗透压会将水从径流水一侧抽调过来，过程中水会穿过水通道蛋白过滤器，实际的效果就是脏的径流水经过净化，变成干净的水用来稀释肥料。这个过程有两个好处：第一，减少径流水的浪费；第二，减少稀释肥料所需的净水的用量——一个用水上的双赢局面。他介绍说，同样的系统还可以用于洗衣设备。洗衣后，产生的脏水流过水通道蛋白过滤器的一侧，而它的另一侧是高浓度的洗衣液。这样，洗衣液和脏水之间的浓度差就会将脏水抽过来（在穿过水通道蛋白通道时净化），并稀释洗衣液。于是流掉的脏水减少了，稀释的洗衣液也可以在接下来的洗衣过程中使用，由此增加了水的循环使用。

彼得·阿格雷这样的科学家的精彩生物学发现，加上彼得·霍尔默·延森和海利克斯–尼尔森等人的工程学创新，证明我们已经走到了变革的前夜，未来我们将以全新的思路净化水源、设计供水系统。我们生活在一个革命时代，海利克斯–尼尔森将它比作汽车进入量产的年代。就像福特汽车公司在100年前所做的那样，水通道蛋白A/S也计划使新技术规模化，以经济和规模化量产的方式将它推向数百万人——甚至数十亿人。"我把我们公司比作福特汽车。"他说，"福特并没有发明汽车，但他开创了汽车的规模量产，他证明了这项技术，并将它推向了大众。"

第四章
抗击癌症的纳米颗粒

  1971年，美国开始"对癌症宣战"[1]，并计划在8年内投入1亿美元。到今天，45年早过去了，投入的经费已有1000亿美元，我们确实可以在某些癌症的诊断和治疗上宣布成功，但距离赢得这场战争还有很远的路程。每年死于癌症的人数，在美国接近60万，在全世界超过800万。[2]

  这场抗癌战争目标宏伟，且理由充分，因为它是基于对生物过程的一系列全新洞见。到1971年，分子生物学革命使科学家有了理解疾病的新方法。前面已经说过，这场科学革命揭示了生物体的部件清单——DNA、RNA、病毒蛋白、细菌以及复杂生物体的细胞。生物的组成部分和运行机制开始以前所未有的惊人的清晰度呈现出来。新的见解为医学干预的新途径提供了舞台，包括新的疫苗、药物和诊断测试等等。接下来的步骤看来显而易见：为什么不用这些分子生物学的新知识打败癌症、打败这人类历史上少有的可怕医疗难题呢？

  现在回顾，当时的人们太自大了：他们以为投入8年时间和1亿美元，就能扭转这场对抗癌症的竞赛的局面，说到底还是他们低估了癌症的复杂性。比如，1970年的一项突破性发现告诉我们，劳斯肉瘤病毒（RSV，一种感染鸡的病毒）的一个基因能将正常细胞转化为癌细胞[3]，这为我们了解癌症的机制打开了一扇窗户。当劳斯肉瘤病毒感染一只鸡，鸡的细胞就可能吸收病毒的一个基因，称为"癌基因"。这个病毒衍生出的癌基因会破坏细胞的正常过程，使正常细胞变成癌细胞。一连串后续实验显示，致癌因素可能来自外部（比如病毒），也可能从内部产生[4]，主要是来自遗传的并可能被突变激活的基因。这些细胞中的"原癌基因"平时是沉默的，但一有突变就可能激活它们，造成突变的因素有若干个，比如辐射或吸烟这种打破DNA的事件，比如会将外界DNA整合进细胞DNA的病毒感染，又比如在细胞分裂过程中DNA发生的错误。

在正常发育中，细胞会以精心安排的顺序分裂和成熟。正常细胞会极精确地管理自身的数量、功能和位置。它们遵照一套程序，发育成各自的成熟形态，比如皮肤细胞、肝脏细胞或肺细胞。在这个过程中，它们会控制自身的分裂速度和成熟路径，方法之一就是找出DNA发生突变的细胞并摧毁之。

而癌症的一个致命特征就是癌细胞会不受控制地分裂，不像正常细胞，一旦发现已经生产了足够多的肺细胞或脑细胞就会停止分裂。另外，癌细胞的成熟过程也不循常规。它们不会遵守对其位置的正常限制：始于一个部位的癌症，会适时将它的子孙送到其他部位，由此转移并建立新的癌症"据点"，并大大增加治疗难度。或许最有害的是，癌细胞不会自我编辑以杀死DNA突变的细胞，它们反而会加速突变，生产出新的细胞变异体躲避身体的防御机制。

癌基因的发现使治愈癌症成为可能，我们可以先开发新技术识别癌基因，然后设计药物关闭它们。实践证明，这是一条近乎奇迹的强大策略，不过它只能对付部分癌症。比如伊马替尼，这是美国食品药品监督管理局（FDA）在2001年批准的一种药物，销售名称是"格列卫"，它针对的是一种血液细胞的癌症——慢性髓细胞白血病（CML）的癌基因生成的蛋白产物。在CML中，基因突变启动一种蛋白，这蛋白又促使细胞异常分裂。格列卫能阻断这种蛋白的行为[5]，持续缓解患者的病情。格列卫将患者确诊后的5年生存率从30%左右提高到了80%以上[6]。

但还有许多癌症无法治愈，仍会致人死亡。癌细胞的DNA会持续突变，不断产生新的癌基因和细胞机制，它们使用一套我们难以想象的战术，来加重病情和规避治疗。因为癌细胞没有自我调节的机制，既不能修正突变，也不能杀死突变的细胞，所以随着细胞分裂，突变会不断积累，生成亲本细胞的变异体，这些变异体有时能在亲本细胞无法存活的环境中存活下来。比如，如果有一种针对特定癌症蛋白的抗癌药杀死了一个癌细胞以及与它基因相同的所有子代细胞，那么往往往会有一个有耐药性的变异细胞存活下来，并繁殖出一群新的耐药癌细胞。

对抗癌症，最有效的策略当然是预防。从1971年开始，我们已经在这条战线上取得了长足进步，一个重要原因是我们识别了一批致癌因素并减少了与它们的接触，包括石棉、辐射和一大批化学物质。不过虽然我们已经懂得了许多，却仍未杜绝几种危险的致癌因素，比如吸烟，比如不做防护就晒日光浴，又比如拒绝接种预防病毒感染的疫苗。据估计，今天的癌症有超过三分之一是可以预防的[7]。

在某种程度上，这是个好消息。有了更有力的禁烟宣传、更好的防晒措施和新型抗病毒疫苗，我们应该能使癌症患病率显著降低。但即使世界上无人吸烟，即使海滩上的游客全部抹上防晒霜，即使每个儿童都接种肝炎和人乳头瘤病毒疫苗，每年仍会有数百万人的生命受到癌症威胁。仍有许多致癌的原因是我们不知道的，所以光靠预防并不能消除癌症对我们的威胁。

抗癌斗争的次佳策略是早期诊断加上有效治疗。在这条战线上，我们同样取得了不俗的成绩。近几十年中，我们开发出了强大的成像技术和血液检测技术，已经能在更早的阶段发现癌症。依靠乳腺摄影和结肠镜筛查[8]，今天的医生和1971年的前辈相比，已经能在很早的阶段发现乳腺癌和结肠癌了。这些筛查手段，加上后续的手术、化疗和放疗，已经显著提高了患者的生存率。过去40年间，乳腺癌患者的5年生存率[10]已经从75％提高到了90％以上，结肠癌的5年生存率也从不到50％提高到了65％以上。

这些技术进步体现了研究人员、临床医师和患者凭借坚定意志取得的伟大胜利。然而大多数癌症还是发现得太晚。虽然不同的癌症表现不同，但无论是哪种癌症，目前的标准成像技术[11]都只能发现直径已经发展到几毫米，乃至几厘米的细胞团，而且即使发现，也无法靠成像判断一个细胞团是良性的还是恶性的。做出这个判断需要有创性活检等更多检查。这一切都要花钱，花时间，而癌细胞就趁着这段时间继续生长。

血液检测也面临同样的难题。[12] 这些检测寻找的是癌细胞在血液中留下的生物学痕迹，或者说"信号"。比如，它们很适合捕捉前列腺癌及卵巢癌的信号。但是和成像技术一样，血液检测也只有在癌症进展到较晚的阶段才能检测到信号，并且它们并不总能在癌症和非癌症信号之间做出明确区分。因此要确切诊断的话，同样需要有创性操作、更多金钱、更多测试和更长的时间。然而在抗癌斗争中，时间是关键因素，能否及早发现对能否生存下来极为重要。

我们掌握的这两件诊断工具——成像技术和血液检测，和一二十年前相比已经先进了许多，但它们仍有着相似的局限。它们的精度还不足，无法在癌症初期发现那一小团细胞；它们的辨别力也不够，无法快速确定发现的细胞团是良性的还是恶性的，因此它们常常还需要有创性操作的辅助，才能确定地诊断一个人是否患了癌症。另外它们也很昂贵。因为这些因素的共同妨碍，我们无法以最有力的手段对抗癌症，因此每年仍有数百万癌症患者死亡。

为了将抗癌斗争提升到更高的层次，我们需要更加精确、快速、安全和经济的手段，以便及早发现疾病。不过多亏了最近的一项发现，我们或许很快就能拥有这种手段了，做出发现的人名叫桑吉塔·巴蒂亚（Sangeeta Bhatia），她早年接受的是生物工程和医师的专业训练，现在成了医学纳米颗粒技术这个迷人领域的先锋。巴蒂亚发明了一种基于尿液的检测方法[13]，有望将发现癌症的时间大大提前——具体来说，当癌细胞团是今天最好的成像技术能够检出的最小细胞团的二十分之一时[14]，这种方法就能把它们检测出来了。巴蒂亚希望这种检测方法很快会变得像随便哪家药房都能买到的验孕工具一样快速、可靠与便宜。

这个想法可能听起来有些不切实际，但实际上并非如此。

∞

还在念研究生时，巴蒂亚已经是一颗冉冉升起的新星了。1999年，她在MIT修完哲学博士、在哈佛修完医学博士之前，就已经从加州大学圣迭戈分校收到了第一份教师聘书。到2005年，在听说她将医学与工程相结合的杰出成绩之后，我们成功将她招回MIT，让她在这里继续开创性的工作。2007年，当我们开始在新成立的科赫综合癌症研究所为癌症生物学家物色工程师伙伴时，我们第一个就想到了她。

为了深入了解她的工作，我在一天下午拜访了她的办公室。巴蒂亚身上散发着一股沉静的气质，我立刻喜欢上了她。但是交谈之间，我又很快意识到在她低调谦和的举止下，藏着一颗飞驰的头脑。我被她研究的节奏、眼界和强度震撼了，她以颇具独创性的方法大胆地将生物学、医学和工程学结合在了一起。

现在十多年过去了，我依然觉得震撼。就像安杰拉·贝尔彻和本书中的其他先锋人物一样，巴蒂亚也在不同的学科之间随意跨越。念研究生时，她借用了计算机芯片的制造工具设计人工器官。[15] 在加州大学圣迭戈分校，她又以擅长解决生物医学问题的纳米技术专家[16]闻名。今天在MIT，她继续凭借着令人眼花缭乱的多种本领从事研究。她对许多学科都有兴趣，也因此被MIT的几个科系以及布莱根妇女医院委任了教职。

整个职业生涯，巴蒂亚始终关注微型技术，现在作为马尔布癌症纳米医学研究中心（Marble Center for Cancer Nanomedicine）的主任，她又设计了几个新颖的平台，用以研究、诊断并治疗人类疾病。她的目标不仅是做出科学成绩，还要改善患者生活质量，在这个使命的引导下，她和她的培训生成立了几家生物技术公司，其中的每一家，用她的话说，都"在医学和微型化的交集处占了一席之地"。

对于巴蒂亚，微型化意味着在极小的尺度——也就是纳米尺度上操纵物质。她操纵的颗粒大小在5到500纳米之间。想知道那有多小就想想这个：如果你操纵的是10纳米的颗粒，那么要汇集10万个这样的颗粒，才相当于本句结尾那个句号的1毫米直径*。

纳米颗粒其实是极小的物质。[17] 它们有几十种形状（球状、杆状、金字塔状、十二面体），可以由化学元素（硅、铁、金）或生物材料（蛋白、DNA链）构成。它们经过加工，可以具有特定的大小和组成，以实现特定的功能。比如，氧化铁是对磁共振成像（MRI）非常有用的材料[18]，但它极易与水，甚至与空气中的湿气反应，因此很难用于生物和医学领域。不过，可以通过在氧化铁纳米颗粒表面裹一层糖、聚合物、脂质或金属来使其稳定，防止其与水发生反应。可见，选择适当的涂层材料可以改变纳米颗粒的功能，使其适应特定的用途。

神奇的是，同一种材料，在纳米尺度上的性质会与在宏观尺度下不同。比如，金纳米颗粒就不是金色的[19]。它们反射红光，因此是红色的。两千年前，罗马工匠就在生产玻璃时不经意地创造了金纳米颗粒[20]，他们也因此制作出了价值极高的华丽玻璃器皿，因为这些纳米颗粒，它们呈现出独特的红色。现在我们还知道，有时单单改变一个纳米颗粒的大小，就能改变它的性质。比如，硒化镉会天然地形成大

---

* 此处指英文句号。

块黑色晶体[21]，但在悬浮液中，不同大小的硒化镉纳米颗粒却呈现出不同的颜色，因为光线会和它们产生不同的互动：2纳米大的颗粒闪烁蓝光，4纳米大的颗粒闪烁黄光，7纳米大的颗粒闪烁红光。

通过研究这样的颗粒性质，科学家和工程师们学会了以惊人的准确性控制纳米颗粒的大小、组成和结构。他们还发现纳米颗粒可以实现各种日常功能，用途之广令人惊讶。今天，我们把银纳米颗粒放进牙膏[22]，因为它们能杀死细菌。我们还把钛白粉和氧化锌纳米颗粒放进防晒霜[23]，因为它们有极佳的防晒功能。我们将一种名为"炭黑"的材料的纳米颗粒注入汽车轮胎，因为它们能加强橡胶的牵引力和耐久性。

近几十年，医学研究者也意识到了他们可以利用纳米颗粒。桑吉塔·巴蒂亚等人特别感兴趣的是最新一代的纳米颗粒，它们能以各种方式组装包裹，从而制成新一代的生物医学工具。正是这些纳米颗粒，使巴蒂亚终于发明了她那件开创性的癌症诊断工具——这是一个精彩的故事，讲的是以融合为基础的研究如何引出了强大的新技术。

巴蒂亚这一章的故事始于2000年，当时她正和同事探索如何用纳米颗粒将成像材料沿血液输送到身体内的特定组织——这能使医生和研究者更清楚地看到那片组织中是否正有某个疾病过程正在进行。与此同时，他们也在探索如何用纳米颗粒给药，以治疗特定组织中的疾病。比如，要是你怀疑自己得了肝病，你就可以将成像专用的纳米颗粒输送到肝脏，让它们揭示那里是否有疾病过程。如果发现有肝病的迹象，你又可以用其他纳米颗粒将药物输送到最需要它们的地方。一种理想的纳米颗粒，无论携带的是成像材料还是药物，总能选择性地附着在特定的目标上，并绕开其他所有组织。

这种复合式跨学科研究需要广博的专业知识，过去15年多以来，巴蒂亚一直和加州大学圣迭戈分校时代的两位同事有着愉快的合作，他们是迈克尔·赛勒（Michael Sailor）和埃尔基·罗斯拉赫蒂（Erkki Ruoslahti）。赛勒是一位化学家兼材料学家[24]，他的研究方向是确定如何用新材料制作纳米颗粒，比如制造半导体的关键材料多孔硅和MRI可见的氧化铁。罗斯拉赫蒂目前任职于斯坦福-伯纳姆研究所（Sanford-Burnham Institute）[25]及加州大学圣芭芭拉分校，长久以来一直在研究一类细胞表面黏附蛋白，这类蛋白能使特定种类的蛋白聚合到一起，并组装成精确的多细胞组织。

三人一起，开始研究如何用罗斯拉赫蒂的黏附蛋白序列标记赛勒的纳米颗粒，使它们可以绑定在特定的组织位点上——比如一个肿瘤的血管。其中，黏附蛋白序列将充当"邮政编码"，引导纳米颗粒顺着血管找到预期的目标组织的"地址"。一旦找到，黏附蛋白就会与目标组织绑定，同时仍附着在纳米颗粒上。如果这些纳米颗粒含有能被MRI检测到的成分，那么目标组织就也会在MRI下显现了。

这是一个诱人的想法。巴蒂亚知道，氧化铁纳米颗粒在MRI中特别有用，于是她和同事试着将罗斯拉赫蒂的蛋白邮编附着到了赛勒的氧化铁纳米颗粒上。但他们在这里遇到了一个问题：纳米颗粒太小，它们必须聚集到一个临界密度[26]，才能被MRI看到，但达到这个临界密度时聚集出的颗粒丛又太大，无法顺着血液通过毛细血管到达目标组织。

巴蒂亚意识到她需要另找对策。她必须设法送入足量且足够密集的纳米颗粒，好让MRI看到，又不能使它们聚成大块，以至于堵塞它们需要通过的毛细血管。这确实是一个难题，但她最终想出了办法：能否设计出一种纳米颗粒，它们只在到达目标组织时才会聚集？具体地说，能否装配出一种纳米颗粒，它们会先单独穿过血管，只在到达目标组织后聚集？与其给纳米颗粒加上一个蛋白"邮编"，将它们递送到特定组织的"地址"，不如设想一种新的标签，可以利用目标组织本身的生物学特征，使纳米颗粒只在到达这些组织时聚集。

她和她的团队开始了研究。首先，他们制作了两组纳米颗粒[27]，每组携带一对蛋白中的一个，这些蛋白在一般情况下会以很强的亲和力相互绑定在一起。当两组携带蛋白标签的纳米颗粒出现在彼此面前，它们就会相互锁定，形成更大的团块。为避免蛋白在通过血管时就锁定成团，巴蒂亚团队又在纳米颗粒上系了一块"盾牌"，将这些会互相绑定的蛋白隔开。它们使用了一种惰性物质（聚乙二醇，简称PEG）作为盾牌，并另外用一小段蛋白将它们系在了纳米颗粒上。

这些PEG盾牌隐藏了用于聚集的蛋白，使纳米颗粒能在血流中移动，不会相互绑定成团并堵死血管。（PEG盾牌还有个额外的好处：它能伪装纳米颗粒，使其躲过身体的防御过程。任何在血流中移动的物质都要面临身体的防御机制，这个机制能找出外来物质并将其清除出体外，而PEG盾牌能隐藏纳米颗粒，使之不被这个机制发觉。）

至此，巴蒂亚团队已经准备好将纳米颗粒送入血管系统，包括微小的毛细血管，以寻找目标组织了。他们开展了一系列测试，结果新方案完全符合他们的预期：纳米颗粒在运输途中没有结成团块。它们能轻易地在血流中移动，躲过了身体防御机制的检查和清除。

下一个难题是如何使纳米颗粒在到达目标组织时聚集。有盾牌在，纳米颗粒就无法聚集。所以，巴蒂亚和她的团队还要想出移除盾牌的方法——而且只能在目标位点移除。在这个难题上周旋时，巴蒂亚有了一个突破性的想法：这项移除盾牌的任务，能否交给组织特有的某项活动来完成？循着这个想法，她设计出了一条巧妙的策略：在系上纳米颗粒的盾牌时不妨使用一种可以被目标组织本身特有的组织酶切断的蛋白。

酶也是一类蛋白，它们会以高度的选择性精准地切割其他分子。酶有数千种类型[28]，各有特定的位置，切割特定的目标。酶的作用好比分子剪刀，每把剪刀切割一种特定的分子，这种分子就称为酶的"底物"。许多酶的底物都是蛋白，它们会切断目标蛋白的特定氨基酸序列。通过在特定的氨基酸位点上切割蛋白，酶发挥着极为重要的功能：它们能将蛋白的非活跃形式转化为活跃的片段，或者将活跃的蛋白转化为非活跃的片段。酶还有一个值得注意的特点：在切断其底物之后，它们仍不会失去活性。一个酶分子能一次又一次地发挥作用，切断大量的底物分子，每次都在特定的位点上切割。而且它们非常迅速，有的酶每秒能切割一千甚至一万个底物分子[29]。

酶作用的专一性和极快的速度促成了一些具有高度选择性的和高效的生物过程，比如血液凝结、食物消化，以及癌症转移时的细胞运动。巴蒂亚发明了一种方法操纵酶作用来聚集纳米颗粒。她先找到了

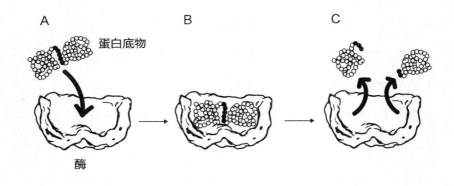

酶能在特定的位点切断蛋白。A.一个酶与目标蛋白（底物）绑定。B.酶在酶位点（黑色珠子处）切断蛋白。C.切开的片段随后被释出。

一种组织特有的酶，又设计了一种具有这种酶的切割位点的蛋白片段。接着她用这种蛋白片段给纳米颗粒系上了PEG盾牌，推测当纳米颗粒到达组织时，组织中的酶就会认出颗粒上的系绳蛋白，并将其切断。然后盾牌掉落，露出它们遮盖的用来互相锁定的蛋白。这些蛋白一旦暴露就会找到彼此，使纳米颗粒聚集成团。

在组装这些复合纳米颗粒时，巴蒂亚和她的团队需要密切跟踪观

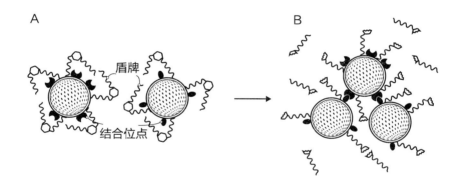

纳米颗粒在酶引导下的结合。A.两个不同的纳米颗粒各携带着与对方结合的位点。这些结合位点被盾牌遮挡，以免它们相互作用。每块盾牌上都有一个切割位点（六边形），可以由酶切割。B.当酶在酶切割位点（分成两半的六边形）切断盾牌，下面的结合位点就显露出来。酶完成切割之后，盾牌脱落，露出里面的结合位点，纳米颗粒得以绑在一起，形成团块。

察这些部件。为此，他们给这些部件贴上了标记物，以确认那些纳米颗粒、用以互锁的蛋白、盾牌和盾牌的系绳都已正确组装。他们用一种荧光标签追踪将纳米颗粒及其PEG盾牌维系在一起的蛋白。

真复杂！或者借用我的研究生导师的一句话，每当我向他建议极复杂的多层次研究策略时，他就会说那是"在实验室里搞杂技，注定失败"。但是在巴蒂亚手中，这场杂技却漂亮地完成了。2006年，她和她的团队报告在细胞培养物里成功开展了酶介导的纳米颗粒聚合。[30] 2009年，他们又在脾脏和骨髓中展示了纳米颗粒针对特定组织的输送[31] 和可视化。

这真是绝妙的研究。通过将可互锁的蛋白和可拆卸的蛋白盾牌巧妙组合、构成她所谓的"合成生物标志物"（synthetic biomarker），巴蒂亚及其团队成功发明了一种使纳米颗粒在目标组织处聚合的实用的技术。这意味着他们从此可以用MRI详细观察人体内的组织了。如果MRI呈现了那个组织的疾病过程，他们还可以对这种纳米颗粒策略进行相应调整，从而将针对性药物直接输送到组织，在那里，聚集的纳米颗粒将带来高浓度的药物，以精准聚焦的方式将问题解决在局部。

巴蒂亚的技术在针对人体的不同器官进行诊断并治疗疾病方面有多种应用——比如帮助医生寻找肿瘤，或监测因进行性肝脏疾病造成的肝损伤。不过巴蒂亚很快又意识到了一个不那么显而易见的应用方式，那最初也不是他们研究的重点。因为一点意外的好运，她发现她的纳米颗粒新技术能够快速、敏锐地诊断癌症和其他疾病。

∞

当医生在某个位置发现了单独的一团癌细胞，往往能用手术或靶向辐射将其切除或杀死它们。可是癌症一旦转移，这项工作就会变得很难，因为成倍增加的癌细胞会在许多新的位置扎根，变得难以发现和治疗。

转移是癌症最致命的特征之一。为扩散到新的位置，癌细胞沿途需要越过天然的组织和分子屏障[32]。人体器官都是独立而完备的结构，它们的细胞是以高度精确的架构组织起来的。入侵的癌细胞必须突破器官的分子结构，这些结构使正常细胞待在它们应有的位置上。为了在组织中清场，为入侵铺路，癌细胞会启用特殊的酶来切割阻碍它们入侵的蛋白和其他分子。

巴蒂亚和她的团队意识到，他们或许能对新发明的组织可视化技术加以改进，不仅用来"照亮"正常器官、监测它们的疾病反应，也用来追踪疾病细胞本身，包括发育中的癌细胞。他们原本给纳米粒子系上盾牌是为了避免它们在通过血流时聚集，现在如果改用通常会被癌细胞的酶切断的蛋白片段作为系绳，那是否意味着这道系绳会且只会在遭遇癌细胞时才被切断？然后，原本被盾牌遮挡的蛋白就会显露并锁扣在一起，与蛋白相连的纳米颗粒也会在肿瘤的位点上聚集。最终，癌细胞就会在很早的阶段被MRI看见了。

巴蒂亚和她的团队用几轮实验成功验证了这个设想：他们在MRI上看见了实验肿瘤。这是一次凯旋。接着，凭借一点运气和卓越的科学洞见，他们又获得了另一个发现，这个发现将把他们的研究推向一个有可能更加重要的方向。

这个发现出现在他们自己评估实验结果的时候。当时他们注意到了一处令人费解的细节：在实验小鼠身上，他们除了在肿瘤位点看见期待的MRI信号之外，还在小鼠的膀胱里发现了一个意料之外的荧光信号[33]。

我们很容易把膀胱中的信号看作实验过程中不值得留意的人为产物。毕竟膀胱会沉积尿液，而尿液又是一种废液，本来就可能含有蛋白盾牌和系绳的残片，那些都是肾脏在按常规处理血液时过滤出来的。但是，这个信号也可以有别的解释。这个出人意料的发现把巴蒂亚的学生们难住了，他们生怕膀胱中的这个异常信号表明了实验的失败。但是当他们将结果报告给巴蒂亚，她意识到有什么不寻常却很有趣的事情发生了。"我的医学背景告诉我，我们的纳米颗粒一旦组装完成，就绝不可能出现在尿液里。"她说，"它们体积太大，无法通过肾脏的滤网。"

巴蒂亚一心想找到其中的原因，经过一番精巧的生物学侦察，她找到了：那些在膀胱中产生信号的荧光标记，并非附着在完好的纳米颗粒上。它们是附在小段蛋白系绳上通过肾脏的，那些系绳是用来捆绑PEG盾牌和纳米颗粒的。巴蒂亚和她的团队最初给这些系绳加上荧光标记是为了在实验的复杂步骤中追踪它们——他们首先要确认系绳和盾牌已经绑在了纳米颗粒上，接着还要跟踪它们，看它们是如何顺着血流到达肿瘤的。但他们没料到的是，癌细胞酶切断固定PEG盾牌的蛋白系绳后，脱落的系绳片段小到了能够穿过肾脏的滤网并进入尿液，

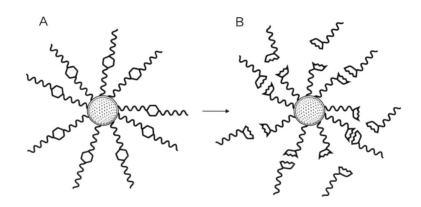

诊断用纳米颗粒。A.一个纳米颗粒上点缀着若干蛋白，每个蛋白上都有切割位点（六边形），可以被疾病特有的酶切断。B.当一种疾病带着它的酶出现时，酶就会切开蛋白，释放出末梢的蛋白片段，这些片段随血液流动，经肾脏过滤后进入尿液。于是尿液中就检出了微小的片段。

而在尿液中，它们仍然发出荧光，等聚集到一定浓度就被MRI看见了。

一旦弄清了原委，巴蒂亚马上意识到她和同事发现了一种生物学机制，这种机制有可能可以被用作一种简单可靠的手段，在极早的阶段诊断出癌症[34]。如果真是这样，那将是临床领域的革命性进步。

在最初的发现之后，巴蒂亚又优化了她的诊断测验，现在它更像是一款随便哪家药房都能买到的验孕工具了，无创、便宜，而且非常灵敏。它的灵敏真的值得一提：前面说过，今天的成像和血液检测技术只能检测到直径在1厘米左右的肿瘤。而巴蒂亚相信，用她的方法能检测到直径在5毫米以下的肿瘤[35]。鉴于有些肿瘤要花好几年才能从5毫米长到1厘米[36]，在它们这么小的时候发现并且治疗能让医生在抗癌斗争中占尽先机。

为了加快这种卓越新技术的临床发展，巴蒂亚成立了一家名为"Glympse Bio"的公司，预计在2020年开发出可以投入市场的尿液检测手段[37]。她和公司同事打算开发一套新的诊断技术，希望能在早期诊断出除癌症之外的许多其他类型的疾病。她对我说："我们花费了大量时间和金钱来挽救疾病晚期的患者。但是对于许多疾病，只要能及早发现，就能在它变成绝症之前及时治疗了。"

巴蒂亚的研究分明显示，纳米技术有望大大改进疾病的检测和治疗，并且降低成本，由此推动医学革命。巴蒂亚有很坚定追随她的同事。现在已经有了能缓慢释放其所运载药物的纳米颗粒[38]，只需一次注射，就能为癌症和其他疾病提供长期治疗。还有些纳米颗粒能携带各种显像剂，可以增强医用超声波及MRI的效力[39]。未来几十年，纳米工程和生物学的加速融合将带来我们今天无法想象的新技术，届时纳米技术将深刻转变我们的卫生保健和对抗疾病的方式。巴蒂亚对此深信不疑。"未来是微型的。"她说。

第五章
给大脑扩容

当吉姆·尤因（Jim Ewing）和家人从开曼群岛度假归来后，他已经变了一个人。他原本是一家登山绳公司的工程师，自青少年时代就热爱攀岩。在开曼群岛，他在攀登一面俯瞰大洋的峭壁时绳索断裂[1]，人直接掉到了50英尺（约15米）下一块突出带角的岩石碎块上。接下去的一年里，他的骨盆骨折、手腕脱臼和肺部瘀伤都恢复得很好，但他在坠落中严重受伤的左腿在多次手术和理疗后依然疼痛难忍，这使他无法参与生活中许多较为温和的活动，就连穿一双袜子他都会感到剧痛，更别指望能找回以前那种活跃的人生了。他面临一个艰难抉择：那条腿是该留着还是该放弃？他该不该接受截肢，然后靠假肢重新生活？这个选择使他恐惧。

身为工程师的尤因继续寻找可能的医学方案，但希望渺茫。他想到了几十年前一起登山的朋友，那人装了一双假腿，曾陪他爬过新英格兰最难攀登的几块岩壁。尤因决定向他求助。

那个朋友名叫休·赫尔（Hugh Herr），现在是一名教授，在MIT的媒体实验室（Media Lab）负责生物机械电子学小组。赫尔对尤因的未来有完全不同的看法。他工作在智能假肢设计的前沿，自己也在这个领域中受益匪浅：1982年，17岁的他在一次登山事故中失去了两条小腿[2]。受伤后的他决心再次攀岩，但当年的假肢还很初级，那使他的抱负像是一个遥不可及的幻梦。那些假肢完全无法提供关节和肌肉提供的辅助力，也显然不能与神经系统进行沟通。它们足以让他稳定地直立走动，但绝不具备攀登岩壁所需的灵活。

　　但赫尔并未放弃梦想，他把命运掌握在了自己手里。还在学校念书时，他就开始制造能让自己再度登山的假肢[3]，这也是他头一次对学习认真了起来。念完中学，他又到当地一所大学攻读物理。他在那里成绩优秀，毕业后到MIT和哈佛继续研究生课程，研究机械工程学和生物物理学，并对运动和力的力学和数学建模都有了深刻理解。从哈佛毕业后，他又回到MIT做博士后研究，开始设计并制造革命性的新一代计算机辅助假肢。到今天，使用自己设计的假肢，他又在热情而熟练地攀登了，他在这个世界上巡游，姿态之优雅，谁都无法想象他的双腿不是原生的。现在赫尔已经成了一个灯塔式的人物，从他的身上，我们可以想见未来的技术将如何使截肢或瘫痪的人们找回行动自如的生活。

　　赫尔接到尤因的电话时，时机刚好。他正在研究一个项目，打算设计一种新型设备，只要配合一种新颖的截肢方法，就能使截肢者和一款机器人式智能假肢进行交互。这时的尤因仍在截肢和不截肢之间挣扎。

赫尔设计的脚踝中内置的计算机和机械能以极高的精度模拟人类脚踝的行为。无论是一个脚踝、一只手掌的动作，或者是我们的任何动作，都是一个复杂动力系统的产物。这个系统调动神经系统和肌肉，将我们的意图（比如走上一排楼梯的决定）翻译成一个运动程序，这个程序能够极精确地执行一项项极复杂的任务，几乎不需要主动思维的指导。我们能清楚地感知这个系统的某些部分，而它的其他部分基本上自主运作，远在我们的正常意识水平之下。

以一个简单的动作为例：你本来右腿跷在左腿上坐着，如果现在想屈起或伸展那只悬空的右脚，你就要激活小腿上的肌肉。完成这个看似简单的任务时，你是不必去控制一些执行这个动作的极微观层面上的神经和肌肉的细节行为的。要使脚尖向下，你也不必刻意指挥小腿肚上的肌肉收缩、小腿正面的肌肉放松，就好像你也不会刻意去抵抗这个动作。你意识到的只有自己的意图，意图启动了行为，从意图产生到意图实现，其间的许多步骤是你意识不到的。

读了上面一段，如果你真的跷起了一条腿来做了一个小小的实验，那么来自你脊髓中神经细胞的信号已经激活了你相应的肌肉，使它们抬高或放低你的脚掌了。那些直接激活肌肉的神经细胞叫"运动神经元"[4]，位于脊髓，脊髓是一长条柱状的神经系统，从脑部向下贯穿整个背部中央。运动神经元的胞体基本就是它们的"行动基地"，其中包含了细胞核（还有DNA）以及支持细胞活动的大部分装置（这些活动包括在RNA中读取DNA，再在蛋白中读取RNA）。每个运动神经元都有一根细长的分支，名为"轴突"，从脊髓向外伸出。数千根运动神经元的轴突捆成一束束神经，延伸到特定的肌肉并与之连接，由此驱动肌肉。

除了运动神经元，脊髓中还包含大量其他神经元，它们相互作用，形成精心安排人体动作的回路。运动神经元驱使肌肉收缩，肌肉和关节中的感觉神经末梢也向脊髓传回肌肉活动的信息——比如某块肌肉是否收缩或伸展。从脊髓发往肌肉的信号和从肌肉发回脊髓的信号之间小心地保持着平衡，以完成想要的动作。运动脚踝时，对种种细节的协调，比如激活使脚尖向下的肌肉、抑制使脚尖抬起的肌肉，都在脊髓内部发生。这种协调很大程度上是根据脚踝本身的位置和运动做出响应，进而做出调整的。

当一条胳膊或腿被切断，来自脊髓的连接就无法再驱使任何动作。一个人工脚踝并不能响应你的意图。不过，赫尔为他的人工脚踝编写了计算机程序，能模拟一只正常脚踝的动作，实际上重现了当某人在行走中改换步态或对反常（如路面倾斜）路面做出反应时，脑和脊髓之间交换的反馈。为设计出这样的脚踝，赫尔用先进的传感技术追踪脚踝和腿的动作[5]，以此研究行走的生理过程。他还测量了一个人在行走中使用的能量[6]（在原生肢和被动假肢上都做了测量），并指出了两者的显著区别。他测量了在行走的"蹬地"阶段，即发力的后脚离开地面向前迈动时脚踝发出的力。那些刚性的假腿、假脚踝和假脚足够稳定，但它们无法提供额外的动量，使用者每迈进一步，都必须用很大的力气将它们摆放到让他们能够迈出下一步的位置上。

赫尔在内置了计算机的脚踝中编入了这些生物学因素，这个脚踝的最新版本被他称为"EmPower"。用EmPower走路，并不需要使出比使用天然脚踝更多的力气。这是一项杰出的成就，对赫尔这样的人来说也是一个改变人生的进步，更不用说对那些在战场上负伤后回归生活和工作的老兵了。不过EmPower虽然利于行走，却无法让使用者做出用脚掌悠闲地打节拍这种动作。这个高层次难题，正是赫尔想在他的生物机械电子学实验室里解决的诸多问题之一。我很想了解更多，于是拜访了他的实验室。

他的实验室很小，是一间两层的工作室，里面堆满了各种设备和"备用零件"。我进了门，走过几张放满仪器和工具的实验台，走过各种形状的假肢，又走过几部连接多台计算机的跑步机，其中每一台计算机都编入了程序，会精确测量行走或跑动时每条腿的每个关节的速度、施力和角位置。我顺着工作室一角的螺旋楼梯来到了上层的几间办公室——这处建筑细节是为了最大限度地利用实验室的空间。赫尔的办公室小而简单，只摆了一张桌子和几把椅子，几条假腿倚在墙上。

赫尔投入他的实验室和他的人生，去创造辅具的整个未来图景，包括由计算机设计、能将设备连接至残肢的插座，能模仿自然肢体动作的假肢，能探测肌肉信号、使佩戴者随意移动假肢的设备，以及终有一天能将神经系统连上假肢，使佩戴者既能移动假肢，也能感受到其运动的脑机接口技术。赫尔的目标是设计出由神经系统驱动的人造手臂和腿，能使截肢者恢复完整的功能。

赫尔已经设计出的人工脚踝标志着假肢技术的一次胜利。有了这个脚踝，失去一条腿的人们就能继续他们在受伤前喜爱的活动了——比如在街道上散步，或在崎岖的山路上攀爬，等等。重要的是，这款EmPower脚踝不像那些被动人工脚踝，它能发挥和天然脚踝同样的功能。对所有失去一条手臂或腿的人，这项技术都是可能改变人生的进步。但是和通常发生的情况一样，除非我们设法使它们走出实验室、走向市场，否则这些新技术是无法发挥它们改变人生的潜力的，而要走向市场，就得把它们做得更轻、适应性更强、更便宜，也更容易保养。为了解如何将发明推向市场，我拜访了一家在假肢行业走在前沿的企业——冰岛的奥索公司（Össur）[7]。

∞

那年10月底，我飞到冰岛首都雷克雅未克，在市中心的一家酒店住了下来。翌日早晨9点，我离开酒店前往奥索的办公室，一路伴着漫长的曙光——这使我明白了我们离北极圈有多近。半小时后，当我走进奥索的办公楼，太阳才算正式升起，斜斜的阳光照进公司大堂，把墙上张贴的公司宗旨照得很亮："没有限制的人生。"对于我即将见证的一切，这是一句应景的开场白。

前台[1]拨通一个电话通知我的到来，之后便将我引入一间舒适的休息室等候。屋内到处是照片和屏幕，展示着成人和孩子使用奥索假肢的画面：他们或骑车，或登山，或跑步嬉戏，或进行爬楼梯之类的日常活动。对于缺了一条胳膊或一条腿的人，这些日常活动已经堪称壮举。我的目光不由得被一张照片吸引，照片中有一位快乐的新娘，她身穿美丽的婚纱，正喜悦地走在即将成为自己丈夫的那个男人身边。像任何一位新娘一样，她也拉起了婚纱的裙摆——露出了两条刀锋式假肢。在这张照片近旁的一块屏幕上，一群欢快的儿童身着色彩鲜艳的跑步衫，正在一片运动场上赛跑，有的露出一条假肢，还有的露出两条。

我才刚刚开始理解这些智能假肢能给使用者带来的新生活，奥索公司的两位领导希尔杜·埃纳斯都特尔（Hildur Einarsdottir）和金·德罗伊（Kim De Roy）就来休息室迎接我了。在接下去的几个小时里，他们向我介绍了公司和公司的产品，包括好几款当今的截肢者可用的最先进的计算机辅助假肢。德罗伊无论说话走路都很迅速，我跟着他们穿过一条长长的装着落地窗的走廊，外面是一条火山山脉的壮美景色，之后我们来到了奥索公司的仿生学实验室。

埃纳斯都特尔指给我看一套计算机驱动的膝盖——这还是台原型机，公司给它起的品牌名是"RHEO KNEE®"，它有特殊设计，能预测使用者的动作。RHEO KNEE®能辅助使用者行走和跑动，而不是像初级的被动假肢那样，只能支撑这些动作。我一下就看出这和休·赫尔的计算机驱动脚踝之间的相似，接着我得知这并非巧合。两位主人介绍说，这项技术确是在赫尔的实验室中诞生的，后来奥索收购了第一个注册它的公司。

奥索现在为全世界的用户制作膝盖。就像EmPower脚踝，它能预测使用者的动作：RHEO KNEE®中安装了小型计算机，能模拟通常发生在脊髓之内的那种神经处理过程。它还会根据使用者行走的地理条件做出复杂的反应：是上楼还是下楼，抑或行走在布满石头的山路上，步速是快是慢，是正往椅子上坐下去还是正从椅子上站起来。内嵌的计算机和电子设备使它能"自行思考"，灵活性大大超过被动关节，就像赫尔的EmPower脚踝也加强了使用者的移动能力。

要将产品推向市场，奥索的人工脚、脚踝、腿和膝盖就必须能经受高强度的使用、负重活动，以及运动中的旋扭和翻动。在某些情况下，它们还必须能维持一生的使用，因为许多截肢者的医疗保险只会为他们支付一件假肢的费用，且未必覆盖检修或更换零件的费用。奥索公司将RHEO KNEE®开发成了一款经久耐用、反应灵敏的设备，它已经得到了监管部门的批准，而且没有强制保养的要求。为了做到这些，除了膝盖本身的技术之外，奥索还发明了将膝盖制造得可靠、高效的技术。总之，他们的假肢生产始于精妙的设计，终于专业的制造。

为了将设计转化为产品，奥索大楼内部配置了一套生产设施。德罗伊将我们领进了组装实验室，那其实就是一个制造现场，他向我们展示了公司如何设计生产流程以满足上述需求。奥索使用的是品质最好的金属（比如用来制造飞机发动机零件的铝和钛）以及先进的碳纤维，生产过程始终受到监测与修正，以达到所需的精度。我亲眼看着零件通过十多台不同的机器，它们将一块块金属和一条条碳纤维塑形、打磨、抛光，最后制成脚踝、脚掌和膝盖。有的零件容错仅8微米。当使用者在日常生活中不断迎接行走、攀爬、止步和站立带来的挑战时，这些零件必须可靠地维持如此高水平的精度和强度，每一天、每一刻都须如此。

离开组装实验室，德罗伊轻快地走下两道楼梯，进入了一间阳光充足的宽阔大厅，它看起来像一间运动室，里面有斜面，有楼梯，有平滑和粗糙的行走面，有固定自行车，还有许多别的设备。这里是奥索公司的步态实验室。室内的大多数设备都有人使用，他们行走、跳跃，或是骑车。我忽然意识到，在奥索才逗留几个小时，我已经注意不到在这里监督和使用设备的人大多都装着假肢了。德罗伊向我描述了一些难题，设计师只有解决它们，才能使假腿的使用者轻松地上下楼梯。为了说明，他提起裤腿，拉下（相当时髦的）袜子，向我展示他的人造脚踝是如何恰到好处地抬起他假脚的前端（也就是从前脚趾的部位），从而以与我相当的步调走上楼梯的。此时，我们已经在公司里参观了几个小时，行走的距离接近1英里（1.6千米），中间还上下了好几道楼梯，但我从未注意到他的步态有任何异样，因此也根本没有想到他的左脚并非原生的，而是人工的。

德罗伊的这副脚踝和脚掌是公司的最新产品之一，名为"Pro-Flex"，对于这个创新设计，他和埃纳斯都特尔都难掩兴奋之情。Pro-Flex完全依靠机械性能，利用先进的碳纤维和设计精巧的关节接合提供机械蹬力和转动脚踝的功能，使德罗伊不用计算机和马达，就拥有了他需要的多功能性、平衡性和力道。在复制脚踝的自然动作上，Pro-Flex远超之前的设备，而且它比那些复杂的假肢更轻巧、更便宜，也更坚固。

∞

　　奥索公司展示和生产的新材料、新计算机和新设备为假肢开创了新的可能。它们在功能的多样性、平衡性及力量方面都超过之前的任何产品。不过，即便使用者安装了最复杂、由计算机控制的机械化膝盖，他们有时仍会深感沮丧：他们无法像移动天然的手臂或腿那样移动假肢，也就是说，无法用意图驱使它们。他们常会产生一种不安的感受，觉得"膝盖在带着我走"。

　　设计出连接神经系统、能响应使用者意图的假肢，是智能假肢界下一个要解决的难题。奥索就是为这个难题研究解决之道的公司之一，这一点是我在和公司负责假肢研发的副总裁芒努斯·奥德森（Magnus Oddsson）交谈时了解到的。

　　奥德森的身上散发着一种紧张感，这令我想起大学里的同事，和我对话的同时，他的心思始终在另外几个层面上忙碌着。他说话不多，用词准确。谈到用意图控制假肢的研究，他向我解释，奥索的目标是发明"可以通过临床验证的创新方案"，也就是说，新设备必须要在真人使用的真实场景下以可论证、可测量的方式工作。他们要改善产品的运动性能，并使之为使用者所接受。除了设备的设计之外，他们还要在医学上证明新设备可以创造价值、节约成本，并为使用者提供更高的性能。公司要想成功，就必须在前沿的研究创新和市场接受性之间求得平衡。这些设备不仅要可用，还要得到成熟医疗服务供应者的认可，并且要经久耐用。奥德森告诉我，要达到这些目标，"简洁是关键"。

奥德森解释说，奥索公司的策略是根据使用者的生理特点开发产品，而不是重新创造或发明一套神经肌肉系统。公司的目标是帮助人们恢复失去的功能，而不是创造新的功能或超人般的能力。因此，公司的研发焦点是在正常情况下参与局部肌肉运动和控制的生物学过程——比如控制腿部肌肉的那些过程。

奥索的策略是让"意图"来移动人工脚踝和脚，这需要调动神经肌肉系统中在截肢后得以保留的功能元素。上文写到，脊髓中的运动神经元伸出长长的轴突贯穿四肢，以刺激肌肉做出特定动作。截肢时，截肢点以上的神经系统都得以完好保存，大多数膝部以下的截肢手术，都会保留小腿的一些肌肉，它们在正常情况下是用来转动踝关节，以抬起或放下脚尖的。明白这一点之后，奥索公司开发了一批可与生物相容的无线电极，用来感应肌肉的运动。奥索将这些"肌电"传感器植入几块肌肉，它们在正常情况下是控制脚踝的伸展或收缩（即控制脚尖放下或抬起）的，并能对肌肉的收缩或放松状态做出反应。这些植入肌肉的传感器将信号传入人工小腿接入处的一个接收器，再从接收器转发给人工脚踝中的几部带有计算机的马达，并由马达来伸展或收缩脚踝，从而抬起或放下人工脚掌。

奥德森用卡利（Kali）的录像展示了奥索公司的进展。卡利是一名截肢者，正在帮助奥索公司测试新一代由意念驱动的假肢的原型机。在录像中，卡利的右腿膝盖下方安装了一条假肢。他先是坐着，假肢搁在自然腿上方，然后他将注意力集中在那只假脚上，就像移动天然腿一样，只凭意念，卡利就能让那只假脚收缩和伸展，其间这只机器脚踝的行为和自然脚踝一模一样。在几轮收缩和伸展那只人工脚掌之后，他抬头露出了胜利的微笑，那笑容中包含了喜悦、惊奇和自豪。

奥索公司的女厕所图标

当然，卡利能移动脚踝和脚掌，不仅是通过他的思维。虽然失去了天然的脚踝和脚，但他在截肢中却保留了膝盖下方的一些腿部肌肉，这些肌肉仍能收缩和放松。在植入肌电传感器驱动他的计算机化脚踝之前，他根本没有机会收缩或松弛他的小腿肌肉，那样做完全没有实际意义。但是在装上了一条能接收这些肌肉信号的假肢后，他又能施展意图移动脚掌了。随着这类技术进一步普及，做截肢手术的外科医生也会改变他们的工作方式。他们会开始考虑患者是否要在术后安装可由意念驱动的假肢，由此努力在留下的肢体末端保留肌肉，以方便患者安装这些"智能"假肢。我很快就会说到，这正是休·赫尔目前的计划要解决的问题。

通过为截肢者恢复接近完整的移动能力和功能性，也通过设计一款能推向广阔市场的产品，奥索公司改变了我们对假肢的看法。假肢不再是残障的代表，而是正常的标志。在奥索公司看见那个指向女厕的图标时，我明白了这一点。那是一个穿着裙子的标准女性形象，只是她装了一条假腿。

∞

对赫尔和奥索公司的拜访使我充分相信，我们在解决替换四肢的难题上已经取得了长足进步。然而，许多残疾的原因不是四肢残缺，而是神经系统本身的破坏。在脑部受伤后恢复运动能力[8]是一个极复杂的问题，但是在这个领域，我们的进步同样使人印象深刻。当我前往瑞士日内瓦，去和世界领先的系统神经生理学家约翰·多诺霍（John Donoghue）会面后，我明白了这个进步到底有多大。[9]

多诺霍是我在神经科学生涯早年就认识的朋友和同行，他将全部心血用来研究大脑皮层，也就是我们脑中和其他动物区别最大的那一部分。他的研究主要围绕运动皮层，也就是大脑皮层中，指导我们运动的那组神经细胞及其相互间的连接。最近他在美国的布朗大学和日内瓦之间来来回回，他是布朗大学的教授，而自2014年起又在日内瓦担任维斯生物和神经工程中心（Wyss Center for Bio and Neuroengineering）的创始负责人。在维斯中心，多诺霍领导了一支由工程师、生物学家、计算机科学家和临床医师组成的团队，他们共同设计新的装置，让因脑损伤或脑部疾病而瘫痪的人重新获得运动能力。

20世纪的研究使我们对脑部如何协调身体运动[10]有了一个基本了解。当我们有意无意地决定做出一个动作，比如举手回答一个问题，或迈开步子下楼去吃早饭，脑中一个名为"初级运动皮层"（PMC）的区域就开始了工作。PMC位于脑的表层，就在我们耳朵的前上方。PMC里的神经细胞有很长的轴突，它们如同长长的电线，将信号从PMC向下传送到脑的底部，再通过脊椎传到脊髓中相应位置上的运动神经元，并由它们执行特定任务。当运动神经元收到来自PMC神经元的输入信号时，它们的轴突又会将信号转发到脊髓之外的肌肉，由肌肉做出我们想要做出的动作。比如我想举手时，PMC中的神经细胞便会将信号发送到脊髓中负责手臂区域的运动神经元上，运动神经元的轴突再将信号传至脊髓之外，传到控制我手臂运动的肌肉中去。

当我在研究生院学习神经生物学时，教科书上描述PMC有着"点彩画家"式的结构：当时的人们认为，PMC的神经细胞在脑中构成了一幅地图，对应身体的表面，地图中每一点上的神经元都驱动一组运动神经元，每组运动神经元控制身体的某一块特定肌肉。然而，在职业生涯早期，多诺霍就用研究改变了我们对PMC结构、对大脑如何驱动身体动作的认识。通过一系列开创性的研究，他指出PMC上的每一点对应的并不是特定的肌肉或肌肉群，而是一个完整的动作。比如当我举起手臂，PMC上的一个区域会驱动我背部和手臂两处的肌肉，协调它们的输出来完成一个顺畅的运动行为。

多诺霍因为他的研究享誉世界。如果遵循惯例，他会继续研究皮层的基本神经生物学。但是他没有走这条路，而是决定去追求一项难以想象的大胆事业：运用他关于PMC及其结构的知识，让那些因脊髓损伤和疾病而瘫痪的人重获运动能力。

当人的脑和脊髓都完好时，PMC及脑中其他部分的神经元（即神经细胞）通过轴突发送信号，以此驱动并协调身体的动作。这些信号

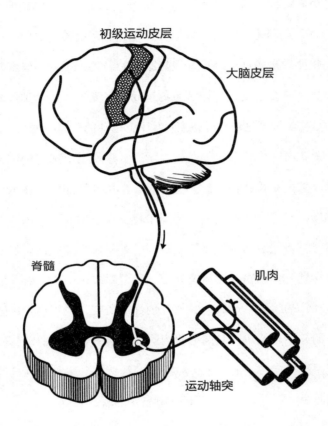

初级运动皮层

大脑皮层

脊髓

肌肉

运动轴突

初级运动皮层（PMC）中的活动驱使身体的动作。PMC中的神经元（即神经细胞）有着长长的轴突，从PMC延伸到脊髓。当PMC中的神经元活跃时，它们在脊髓中的轴突末端就会激活运动神经元。运动神经元的轴突连接肌肉，驱动肌肉的动作。

沿轴突从脑向下经过脊髓，激活运动神经元。前面说过，脊髓中运动神经元的轴突会伸到脊髓之外去激活肌肉。为了使我们的动作有效、协调，必须得建起一条反馈回路，使动作可以被脑感知到。我们感知周围是通过触觉，还有对手臂和腿的位置的感觉，这些感觉源于相反走向的信号，它们沿着轴突，将来自肌肉、皮肤和关节中感觉器官的信号传至脊髓中的神经细胞，再沿脊髓传达至脑。这些回归到脑的感觉连接使我们感到了疼痛、炎热、寒冷，或是手臂和腿的位置[12]。

然而，一旦我们脊髓受伤，这些连接就全都可能切断，断开大脑与肌肉和感觉器官的联系，结果就是瘫痪和麻痹。脊髓受到其骨骼外层的保护，也就是我们在背部中央看到并摸到的那条凹凸不平的脊柱。同样，脑也受到头骨的保护，那是它专有的坚硬骨骼外层。对脑和脊髓的保护至关重要：不同于皮肤、骨骼、肝脏和肌肉，中枢神经系统的神经细胞在受伤后是无法有效恢复的。我们的一切能力和行为，包括呼吸、说话、观看和行走，都由神经元驱动，而这些神经元一旦损坏就无法修复自身。关于这方面虽然已有了大量研究，但我们仍未完全弄明白阻碍脑部恢复的生物学原理，因而也没有治愈脑部损伤的有效策略。这意味着脊髓一旦遭受重创，就常常会使人永久失去随意愿运动一条腿或一只手的能力。经过训练，有些人能借用没有被波及的通路恢复一部分功能，但许多人在脊髓受伤后会就此瘫痪，再也没有感觉了。

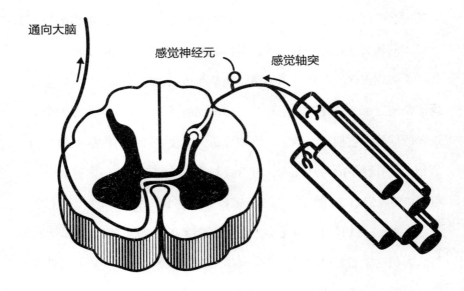

来自肌肉（或皮肤）的感觉信息沿感觉神经元的轴突进入脊髓，这些神经元位于脊髓外部。传来的信号激活脊髓神经元，再由它们将感觉信号传送给脑。

多诺霍认识到了一种可能：虽然脊髓受伤会切断神经、阻止随意运动，但PMC的神经元或许仍是活跃的。他想知道能否记录下PMC神经元的活动，从而理解某人的意图，然后再另外创造一种手段，将这个意图翻译成动作。如果能做到这点，他就能为因受伤或疾病而瘫痪的人提供一种方法，使他们的身体重新参与到世界中来。为了探索这种

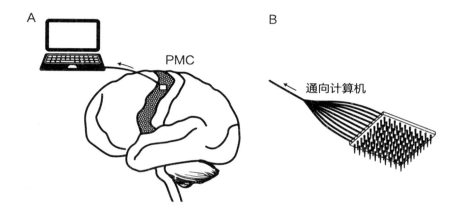

一个皮层内脑机接口（iBCI）能从初级运动皮层（PMC）的神经元记录运动意图。A.用一小块电极阵列（PMC上的白色方块）记录PMC神经元的活动。当大脑产生移动手臂或腿的意图，电极阵列便能探测到PMC神经元的信号，并将这些信号传输给一台计算机。计算机将信号解码，并转发给一台外部装置，如一条机器手臂。B.iBCI电极阵列含有大约100根极细的针状电极，用于植入PMC。这些电极会记录PMC神经元的活动，并将活动信号沿着细小柔韧的电线传送给附近的一台计算机。

可能，他找来了一大群同事、医生、工程师和神经生物学家。21世纪初，他们共同开发了一款皮层内脑机接口（intracortical brain-computer interface, iBCI）[13]，它能记录脑的活动，并将其传送给一部计算机，再由计算机用这些记录驱动动作。

多诺霍和同事在2006年首次展示了iBCI的潜力[14]，当时有一名年轻男子因为脊髓受伤，颈部以下全部瘫痪，他用一台连接了计算机的iBCI玩了电脑游戏《乒乓》。当他在意念中用手移动鼠标时，iBCI读懂了他的意图，并将其翻译成了在屏幕上移动乒乓球拍的操作。

之后几年，多诺霍团队又取得了令人瞩目的成就。他们在2012年给出报告，有一个名叫凯茜的女子因中风颈部以下瘫痪，在iBCI的帮助下，她仅凭在脑中去想移动自己的手臂，就指挥了一条机器手臂的运动。[15]这靠的是一块很小的芯片，尺寸约相当于一片小儿阿司匹林，团队将它植入凯茜脑中，位置就在她本来调动原生手臂运动的PMC区域。这块芯片汇集了近100个微小的针形电极，它们插入凯茜的PMC中。每根电极都记录了距其最近的PMC神经元发出的电信号，接着将信号通过一根细长的电线发送给计算机，计算机再根据信号解码凯茜的意图。然后，这个动作指令代码又被发送到一条由计算机驱动的机器手臂上。在中风15年后，凯茜头一次凭意念移动了物体。

团队用录像捕捉了凯茜成功操纵一条机械手臂的画面。[16]她的任务是拿起一个水瓶，然后喝一口，瓶里装的是她早晨最爱喝的肉桂拿铁。在录像中，只见她皱起眉头，集中精力用意念驱使机器手臂运动。这奏效了：机械手臂缓缓握住水瓶，将它举起，送到了凯茜的嘴边。水瓶上有一根吸管，当她用吸管啜饮拿铁时，嘴角露出了一丝微笑。片刻之后，她又用意念驱使机械手臂把瓶子拿开，竖直放到面前的桌子上，接着她转头望向摄影机，露出胜利的一笑。看到这里，我的眼眶不禁湿润了。

2017年，多诺霍和他的团队将这项技术推进了一大步[17]，他们让一个叫比尔的病人移动了他自己的手臂，而在这之前，比尔因为一场自行车事故已经瘫痪了8年。他们在比尔的PMC中植入了两块iBCI，又在他瘫痪的手臂肌肉中植入了一组刺激性电极。就像对凯茜一样，他们要求比尔握住一只杯子，举到嘴边，然后喝下里面的液体。当比尔用意念指挥手臂，两块iBCI从激活的PMC神经元捕捉到了信号，并把它们发送给一台计算机，计算机再将信号转给比尔手臂肌肉中的电极，指挥它们做出在正常情况下会做出的动作。这次实验也奏效了：比尔用意念控制了自己的手掌，握着一只杯子的把手举到了嘴边，啜饮了一口。8年多来，这是他头一次用自己的手臂进食或拿东西喝。

当我在2017年秋天到维斯中心拜访多诺霍时，他愉快地带我参观了他的"博物馆"：那是一只玻璃柜，展示着各种仿生学设备。其中有许多都是他在iBCI之前鼓捣出的东西，比如已经为许多聋哑人恢复听觉的人工耳蜗，以及能使人恢复正常心律的心房除颤器。他向我讲解了这些改变生活的技术是如何随着时间越变越小的，这都要多亏对生物学认识的深化和技术的进步。他还递了一块最新版本的芯片给我，那正是安装在比尔PMC中的那种芯片。

这块芯片约4毫米见方。[18] 它有100根毛发状的电极，每根长1.5毫米，整块芯片看起来就像一把微型梳子，只是梳齿细小，几不可见。芯片的底部垂下一根极柔韧的细长电线，电极收到的信号就通过它传给计算机，再由计算机解码成电子输出信号，从而驱使一条机械手臂或自然手臂随意运动。当我将芯片接在手里，我的第一印象是它竟那么轻，却又有那么大的能耐。

下一代iBCI及其芯片将比目前的还小得多，而且完全舍弃了电线。根据某些工程师的畅想，未来的传感器将比一粒餐桌盐还小，却依然能感知并传输神经活动信号。如此微小的设备可以安装在脑的各个部位，记录数量大得多的信号，并能更加精确地读取人的意图。

自20世纪60年代晚期以来，脑机接口成为一个惊人的创意[19]，从那以后，神经生物学和计算能力的快速发展已经为新技术铺好了道路，在不久的将来，它们或许就能缓解那些最令人沮丧的功能障碍了。多诺霍的一名同事利·霍赫贝格博士（Dr. Leigh Hochberg）展望[20]，下一代的无线设备可以记录脑的活动，并能解密癫痫或躁狂抑郁症等反常模式的发作。他预测将来的设备还能向脑部发送纠错信号，以恢复正常的活动模式，从而使那些神经和精神障碍患者重新过上正常生活[21]。

∞

这样的医学奇迹比我们认为的更接近现实。休·赫尔和他的团队已经在恢复截肢者的天然行动能力方向上开展了首个人体试验项目。团队集结了整形外科医生、神经生物学家、机械和电气工程师、分子遗传学家，以及专业是融合了所有这些领域的新方向的学生。就像维斯中心和奥索公司的团队，他们也想运用人体正常的生物学机制恢复对运动的控制。就在他们准备推进研究时，吉姆·尤因联系了休·赫尔。尤因自愿成为第一个接受手术的人，现在这个手术已命名为"尤因截肢术"（Ewing Amputation）。

赫尔和同事的研究焦点是再造关节周围肌肉的"主动肌/对抗肌"配对[22]，然后引导正常神经，将这些肌肉的配对组合与脊髓相连。比如当你屈起或伸展脚踝时，你小腿正面和背面的肌肉会轮流收缩和放松，它们的收缩和放松都受到贯穿肌肉和骨髓的神经回路的控制，也受到一系列经由骨髓之后又回到肌肉的轮转过程的控制。肌肉的收缩和放松要相互协调，才能做出顺畅且有效的动作。从肌肉和关节通向脊髓的感官输入利用局部回路来协调动作，输入的信号也传到大脑，使人觉察到腿和脚的位置。

为了让截肢者能够安装新设备，赫尔和他的外科同事必须重新设计截肢手术[23]。在手术中，他们改变了控制脚踝运动的小腿肌肉及附着其中的神经的保留量。他们在原本用来伸展和屈起脚踝的肌肉之间加了一根腱，以此创造了一对主动肌/对抗肌配对。手术后，当截肢者想到屈起或伸展脚踝，他们的腿部肌肉就能像一对正常的主动肌/对抗肌对那样收缩和放松了。肌肉上的电极检测到肌肉活动，并将信号传送到植入了计算机的脚踝，接着脚踝响应信号，并复制出一个正常动作。就像有一条正常的腿，安装假肢的人能用意念驱动肌肉运动，但他们不是直接驱使一个动作，而要靠脚踝中的计算机将肌肉信号翻译成人工脚踝和脚掌的动作。

到2015年，赫尔的团队已经为这个改变人生的手术做完了所有准备，包括设备设计、计算机建模和实验测试[24]，当尤因联系赫尔时，他们刚好准备进入人体观察阶段。尤因面临一个艰难抉择：要放弃他自己的那条腿吗？事故已经过去整整一年，他的腿仍痛得难以忍受，它无法支持他的日常活动，更别说实现他的运动抱负了。他的医生给他指了两条路：要么继续尝试恢复脚踝，要么切除小腿，换上人工设备。尤因描述了自己内心的挣扎："截肢是人生的一场剧变，可是康复又希望渺茫。"赫尔对他讲述了自己安装假肢的经历，以及这类设备在他的和其他实验室里的演进。经过无数次讨论、会诊和演示，尤因终于决定截肢。他自愿第一个接受新型手术[25]，以便使用赫尔的最新设备，包括一条人工小腿、一只人工脚踝和一只脚，安装后他将既能活动，又能感知。

在每一个正常的日子里，尤因都装着这套目前已可面市使用的假肢行走、跑步、攀登、滑雪或潜水。他重新过上了从前的活跃生活，疼痛也消失了。在一个正常得不能再正常的日子里，他加入了赫尔的团队，共同开发赫尔新研究的由大脑驱动的假腿。当我最近一次拜访赫尔的生物机械电子学实验室，我看了一段尤因在开曼群岛攀登岩壁的录像。和所有登山者一样，他一边注视上方，一边用左脚寻找立足点，其间无须任何视线引导，他的人工脚趾就找到了立足点，接着他用新装的假腿支撑体重、保持平衡，再用原生的右腿和右脚寻找下一个立足点。爬上崖顶时，尤因坐下来眺望大洋的风景，他抬起腿，把左脚搁在旁边一块近便的石头凸起上休息。

因为这台复杂的生物–计算机–机械手术和新设备，尤因已经恢复了大量接近天然的动作。他说自己"能感觉到一切，就像这条假腿是自己身体的一部分"。赫尔预计在20年内，安装假肢的效果"会接近你又长出了一条天然肢"。

在不久的将来，受伤致残者将重新行走、交谈，参与到世界中来。为了让MIT的董事会对这个未来有个直观的认识，2010年时我邀请休·赫尔来向他们介绍了他的新技术。我们在学校的一间小礼堂见面。在我向董事会介绍他之后，赫尔以运动员一般的优雅步态走到了礼堂前面。现场没有人猜到他是一个双腿截肢的人。

　　赫尔开始了演讲，他望向观众，并看到在场的许多人都在使用一项改变世界的假体技术：眼镜。视力太差会阻碍人的行动，他说，但我们并不会将视力差的人看作残疾人。为什么？"因为我们有了一项很棒的技术，能让视力差的人也过上完全正常的生活。"这个比喻完美地表达了赫尔希望他的假肢所能达到的成就。当他开始介绍自己的研究，他卷起一条裤腿，然后又卷起另一条，在观众惊讶的目光下，依次露出了他的人工脚掌、人工脚踝和人工腿。我猜想，任何一个看着赫尔走进礼堂的人，都不会料到他竟有残疾，原因很简单：他佩戴的假肢起到了和眼镜同样好的效果。站在最先进的假腿和计算机辅助脚踝上，赫尔用一句呼吁结束了演讲："只有当现有的技术无法克服一种状况时，我们才会称之为残疾，让我们把截肢和瘫痪从残疾列表上删除吧。"

第六章
喂饱全世界

2017年秋季，我来到了距圣路易斯市中心不远的丹福斯植物科学中心（Danforth Plant Science Center），我站在一个黑暗的前厅，透过一扇小窗望向一间750平方英尺（约70平方米）的"生长室"[1]。那里面的情景犹如一部卡通片：明亮的光线将一张张叶片照成超自然的鲜绿色，大约1000株小型和中型植物正跳着一场精心编排的舞蹈。

但其实，它们是放在一条条180米长的传送带上移动着。它们先在一块中央区域出现，然后近乎轻快地挨个移动，在这里切换到一条新的传送带，在那里又汇入另一条，当它们在房间内四处流转，它们时不时会在几个站点停下。每一个站点都有特定的功能。有的为每株植物喷洒一定量的水，有的为它们施加一定量的肥料，有的记录它们的重量，还有的从各个角度拍摄数码照片，记录它们的高度、周长和叶片数等特征，还有它们的分枝格局和尺寸。有一个站点专门拍摄近红外照片，以记录这些植物的含水量。这场舞蹈无休无止，一直持续到植物返回中央区域，准备第二天重复这个过程。室内的光照、温度和湿度都经过精确设定、仔细调节，管理房间的科学家可以将温度调到极限（做逆境测试），也可以操控光谱和光线强度（为测试光合能力、阴影适应等等）。

我就这么呆呆地看了好几分钟，完全被眼前的奇异景象迷住了。但这并不是专门取悦我的表演。这些植物的舞蹈会持续几个礼拜，整个过程由丹福斯中心的一个分部，"贝尔威勒基金会表型设施"（Bellwether Foundation Phenotyping Facility）精心开发。这里的每株植物都受到细致的监测，并携带射频识别芯片和条码显示器，使整套设施在没有人类干预的情况下，也能对这些图像进行精细的测量，以及对肥料和水的定量分配做出准确记录和归纳——这常常要持续植物的一生。这项工作结合了生物学与工程学，能极有力地帮助我们理解植物的基因素质如何与环境相互作用，并随着时间产生它所有的性状和特性，这些性状和特性统称为"表型"（phenotype）。

他们所做的事情颇具野心：丹福斯中心的科学家为他们的植物收集了基因和表型数据[2]，并整理成可供大规模计算、分析的形式。这实际上相当于把植物所有的相关遗传和表型特性翻译成数字，再根据这些数字绘出一幅植物如何创建其性状的地图。就像基因组学研究的是一个生物体的一整套遗传信息一样，表型组学（phenomics）研究的是生物体的一整套表型信息[3]——它的物理性状。

生长室会收集穿行其中的每株植物的数据，而这些数据的总量是非常惊人的。一株植物的发育和功能受到成千上万个基因的协调[4]，这些基因的微妙变异的组合方式又有众多可能性，这就会创造出不计其数的表型。在此之前，还没有科学家或工程师们就植物及其生长收集过这么大体量、高质量的信息。多亏了丹福斯中心和其他机构的新一代植物科学家，我们对植物随其生长表达基因的复杂方式有了更清晰的认识。再加上大数据和高性能计算机分析工具的出现，我们正迅速掌握如何研究、操纵和记录表型，从而设计出能显著提高作物产量的植物变种。

生物学和工程学的此种融合不同于我们在前面各章看到的例子。之前我们看到的是科学家和工程师运用生物体和生物机制解决各种技术难题。而这一次，我们将看到数据采集和计算工程工具将如何使我们深入了解复杂的生物学特性。在新的植物品种和新作物的培育方面，这些工具会将我们对植物的物理特性，以及这些特性如何随时间发展变化的理解推向全新的层面。这类信息有望使我们以远超今天的效率和精确度，选出具有最佳性状的植物。这种融合有着完全不输于之前几个案例的革命性：它开辟了农业和粮食生产的新途径，将会帮助我们满足持续增长、愈加富足的全球人口对食物的迫切需求——到2050年，人口将增至95亿[5]，甚至更多。

∞

在未来，将有巨大的粮食需求。为满足它，我们必须让如今全球作物的产量几近翻倍[6]。那么我们耕种的土地面积是否也需要翻倍？还是可以借技术手段，增加现有耕地的产量？这是一个令人生畏的难题，但是我们已经攻克了它。其实在过去100年中，我们让玉米产量翻倍已经不止一次了，而是四次——通过轮作实现了更好的田间管理、越来越普及的天然和人工肥料、因选种和基因工程而改良的作物基因，还有越发高效的农业机械化。

我们用人工手段提高粮食产量已经有很长的历史了。考古发掘的证据显示[7]，早在1万多年前，人类就开始在肥沃新月地*改造作物了。我们远古的祖先很可能从野外收集了植物的种子并开始种植，后来又通过仔细观察，遴选和推广种植最合适的品种，增加粮食的产量。他们就是早期的基因工程师，虽然他们对基因一无所知。

遗传学是一门现代科学。"基因"（gene）这个词1905年才出现[8]，当时丹麦植物学家威廉·约翰森（Wilhelm Johannsen）用它来指称决定可观测的物理性状的、独立的遗传单元。约翰森的这个说法来自"泛生子"（pangene），那是20年前另一位丹麦植物学家雨果·德

---

* 中东历史上的一个地区，西亚古文化发源地。

弗里斯（Hugo de Vries）创造的学术名词。但其实，最先提出这样一种遗传单元的时间更早，提出者是奥斯定会的修士格雷戈尔·孟德尔（Gregor Mendel），这个人是现代遗传学公认的奠基人。

1856年至1863年，孟德尔在奥斯定会位于布尔诺（位于现捷克共和国境内）的圣多默隐修院默默无闻地工作。他杂交了几千株豌豆，并发现它们的性状从上一代到下一代是根据一套可预测的数学规则来排列的。孟德尔提出，这套规则可以由一种独立的遗传单元来解释，他称之为"因子"（factors），这种因子支配着一株植物物理性状的遗传。孟德尔发现的这套规则在今天称为"孟德尔遗传定律"，它们奠定了现代遗传学的基础。

孟德尔在1865年公布了他的非凡推论。[9] 其中最关键的一点是，一株植物既有的性状（如种子的颜色）是由两个基因（我们今天的叫法）的表达所决定的，这两个基因各来自亲代中的一方。这一组中两个基因对性状的表达起到不同的作用，一个是显性，一个是隐性。在豌豆种子颜色的基因这个案例中，黄色为显性，绿色为隐性。如果一株豌豆从亲代双方各继承了两个黄色基因，它的种子颜色就是黄色。如果继承了两个绿色的基因，它的种子颜色就是绿色。但如果它继承了一个黄色、一个绿色的基因，它的种子颜色会是黄色，因为黄色是显性的。

当孟德尔描述其遗传定律背后的"因子"时，他并不知道这些因

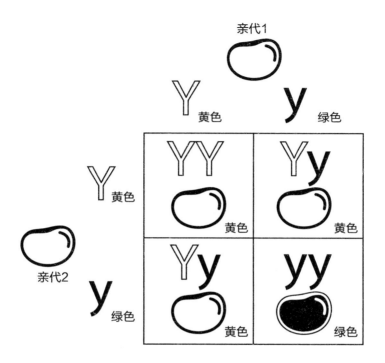

庞纳特方格（Punnett square）就是遗传交叉的标准图示。在豌豆植株中，种子颜色为黄色（Y）是显性，颜色为绿色（y）是隐形。一株豌豆，无论是包含两个黄色基因（YY），还是包含一个黄色基因与一个绿色基因（Yy，杂合子），都会长出黄色的种子。当两株Yy亲代豌豆杂交，它们的子代植株如果继承了一个或两个显性基因（Y），就会长出黄色的种子。换句话说，继承了两个Y基因（YY，纯合子）的子代会有黄色种子，继承了一个黄色基因（Y）和一个绿色基因（y）的子代（Yy，杂合子）也会有黄色种子。只有继承了两个隐性绿色基因（yy，纯合子）的子代，才会有绿色的种子。

子的物理形态是怎样的。约翰森也是如此：当他第一次使用"基因"这个名词时，和孟德尔一样，他也只是在描述一种行为，而不是一种物质结构。要到将近50年后，DNA的确切结构[10]以及它对生物体性状的决定性才会被发现。

这是科学进步的典型模式，也是我们在本书中反复见到的模式：它始于对现象的敏锐观察，继而通过探索引出现象背后的基于自然原理的触发因素。迈克尔·法拉第在19世纪中叶就提出了电磁力概念[11]，但直到1897年，约瑟夫·汤姆逊才发现产生这些力的是一种叫电子的粒子[12]。同样，关于水如何穿过细胞膜的动力学[13]在20世纪上半叶就得到了详细阐述，但是又过了很久，彼得·阿格雷才发现为水分子穿过细胞膜开辟物理通道的水通道蛋白。

孟德尔在世时，他所做的事情不被理解[14]，且他个人也几乎被世人遗忘。但是到20世纪初，几位研究者翻出了他的研究，并重复了实验，他们随着约翰森把孟德尔的"因子"称作"基因"。在孟德尔定律和新兴遗传学研究的引导下，农学家们开始用新的思路思考如何培育植株。

与此同时，其他研究者也渐渐开始了对DNA分子结构的探寻——这场探寻始于1869年，瑞士生物学家弗里德里希·米歇尔（Friedrich Miescher）从血细胞的细胞核中分离出了一种物质[15]，他称之为"核素"（nuclein）。米歇尔不知道的是，他其实已经发现了遗传的物质底物。实际上，几十年来，大部分科学家都认为核素不可能携带遗传信息，因为它的结构太过重复和无聊。他们推测：既然观察到的表型如此丰富多样，那么负责携带遗传信息的就应该是同等丰富多样的物质，因此核素与遗传的相关性在很大程度上没有被考虑进来。

对遗传物质的寻觅又持续了几十年，直到1953年，在一篇非常著名的论文中，詹姆斯·沃森和弗朗西斯·克里克提出了DNA分子的双螺旋结构[16]。我们在第二章已经看到，他们描绘的双螺旋形似一架旋扭缠绕的梯子，两边是两条平行的磷酸盐糖链，中间连着由四种碱基以两两配对的形式构成的横档，而这些碱基的配对模式始终是相同的（鸟嘌呤配胞嘧啶，腺嘌呤配胸腺嘧啶），以此引导DNA的精确复制。

自从DNA的结构被揭示出来，分子生物学就真正成为一门独立学科。既然知道了遗传物质的基本结构，生物学家很快就确定了遗传信息首先由DNA复制到RNA（RNA的结构很像一根DNA单链），然后再由RNA翻译到蛋白。接着蛋白会引导细胞组装成组织，并产生组织和整个生物体那些会逐渐呈现的特性。

这是科学史和农业史上的一个里程碑。有了沃森和克里克的发现，分子生物学家开始运用这个遗传的新知识来构想粮食种植的全新方法。到1983年，科学家发明了将DNA移至植物细胞[17]和用基因工程培育抗虫烟草[18]的方法。这下任何进步都有可能了。给植物添加基因或许就能增加它的营养成分，减少它对水的需求，或者降低它的感病性。

在之后的几十年里，植物遗传学家和农学家开发了玉米、小麦和水稻等作物的高产品系[19]。这些创新，加上越来越高效的肥料、灌溉系统、轮作技术[20]和机械化设备，使得作物产量大幅上升[21]。从19世纪60年代到20世纪30年代晚期[22]，美国的玉米产量始终在每英亩30蒲式耳*上下徘徊，而在今天，这个数字已经稳定上升到了每英亩超过150蒲式耳[23]。因为这类跃升，到了20世纪下半叶，我们得以以经济、安全的方式实实在在地喂饱了全世界成千上万曾经营养不良的人和动物。

虽然这些发明促成了农产品产量的惊人增长，今天的世界却仍有约8亿人生活在食物短缺的情况下[24]，每年有300多万5岁以下的儿童因饥饿死亡[25]。植物科学家仍在探索如何靠操纵基因提高作物产量，而他们的努力也已经取得了非凡的成果。将这些非凡成果和促使天然植物变异的大自然的神奇力量相结合，我们就有望继续提高作物产量。诺曼·博洛格（Norman Borlaug）是绿色革命一位重要的设计师[26]，他在2002年指出，如果我们想加速作物改良，以匹配预期中的人口增长，就需要"兼用传统育种方法和生物技术方法"。

---

* 1蒲式耳约为27.2千克。

∞

1994年，美国食品药品监督管理局（FDA）批准了第一种转基因食品的上市销售：佳味（Flavr Savr）西红柿。植物生物学家将佳味改造得比传统西红柿成熟更慢[27]，具体做法是加入一个基因，抑制一个受到酶精心调控的过程——这种酶的作用是分解西红柿之中的果胶（我们前面说过，酶是切割其他分子的蛋白）。有了这个基因，佳味的这种变异体成熟之后能在藤上维持更长时间，摆上商店货架时味道会更好，损伤也会更少。佳味在商业上并不成功，但它证明了对植物基因的直接操控能改善粮食作物，也让人们看到FDA可以评估此类食品的健康风险。

今天，美国境内种植的大多数玉米，还有大多数棉花和大豆，都是经过基因修饰的，能抵御虫害和除草剂。[28] 根据美国国家科学院（NAS）最近的报告[29]，这些修饰已经带来了许多好处，比如在种植这些转基因作物和它们周围的非转基因作物时，杀虫剂和除草剂的用量都减少了。这份NAS报告还说，如果用当今最好的方法种植，没有证据证明这些作物会对健康产生不利影响。

分子生物学和基因组学使我们能够辨识出植物中为特定蛋白编码的特定基因。在这些特定蛋白中，有的能保护植物免受虫灾或病毒侵害，还有些能使植物耐受干旱或霜冻。同样，我们还发现一些基因突变正是某些人类疾病的原因，我们由此发明出药物，对这些疾病展开了有效治疗，在少量案例中甚至完全治愈了这些疾病。不过，大部分性状和大部分疾病都不是单个基因或单个蛋白的产物。相反，它们的遗传学过程远复杂于此。分析这些复杂性需要生物学和工程学之间的另一种对话，一种将最前沿的生物学技术和最尖端的计算机技术结合起来的对话。

想想一个例子好了：人类基因组测序。仅在30年前，我们还认为这是一项难于登天的事情，但由于确定DNA中碱基序列的技术飞速发展，再加上计算机技术同样迅猛地进步，这件事情现在已经成为可能。以人类基因组计划（Human Genome Project）产出的信息为基线，今天世界各地都在开展研究，以期找出患病和抗病性的遗传因素。这类侦探工作常常需要对成千上万人的基因组进行比较。比如，如果一个项目要寻找使人易患自闭症或精神分裂症的基因[30]，研究人员可能就要对6万多人的基因组展开调查，且需要依托先进的生物信息学——那是计算工程的一个分支，是由计算机专家联合生物学家开发出来的。

同类的侦探工作也用来寻找能使植物产生有益性状的关键基因。通过操纵这类基因，生物学家和工程师已经取得了不俗的成果，培育出了对水、肥料和杀虫剂需求更少的高产作物。比如，他们修饰了玉米和其他作物[31]，加入了一个能制造天然杀虫剂的基因，而产生的杀虫剂是一种由栖息在土壤中的苏云金杆菌（Bacillus thuringiensis，简称Bt）产生的蛋白内毒素。有机农场普遍使用各种Bt蛋白制剂：将它们用作杀虫剂喷洒在作物上，抵御专门破坏这些作物的某几种昆虫，又不会伤害其他种类的昆虫、人类或其他动物。改造过的玉米和其他作物[31]会表达一个基因，使它们产生Bt内毒素，由此抵御玉米螟、食根虫幼虫和其他昆虫的攻击。经过相同改造的棉花和大豆[32]也被广泛种植，也减少了对杀虫剂的使用。最近的几项分析还发现了另一个利好：在这些转基因作物附近生长的那些非Bt携带作物对杀虫剂的需求也减少了，也许是因为携带Bt的作物减少了当地的昆虫数量。

还有一种广泛使用的基因修饰能使植物抵御一种特别有效的除草剂——草甘膦。草甘膦的商品名叫"农达"（Roundup），它能有效阻断植物中氨基酸的产生（但对昆虫、鸟类、哺乳类和其他动物无效），而氨基酸对蛋白的生产至关重要。这会导致植物在接触草甘膦后迅速死亡。在抗除草剂玉米（HT玉米）田中，用草甘膦来控制野草的生长就不会伤害玉米。[33]这种除草手段能降低耕作要求[34]，这对减少表土流失十分重要。HT作物的广泛种植减少了除草剂的使用。虽然对草甘膦安全性的担忧仍然存在[35]，但美国国家科学院最近的一项调查显示，只要对其合理使用，就不会伴生不利影响。

农业的另一个进步是发现了各种提升植物营养价值的新方法。通过在水稻基因组中加入两个基因以促进维生素A的合成，植物科学家创造了一种名为"黄金大米"的变种[36]，显著增加了稻米的营养价值。在某些发展中国家，每年有超过50万名儿童死于维生素A摄入不足[37]，这项发明有可能在那些国家中拯救大量生命。虽然有多项研究证明黄金大米的安全性和效益[38]，但是对转基因食品未有实证支撑的担忧仍然限制了它的使用。这些担忧已经出现在可能种植这种大米的国家，而在发达国家声浪可能更高。经过大量科学研究和讨论，澳大利亚和新西兰在2018年批准了黄金大米[39]，但那些可能最需要这种大米的国家，如孟加拉国和菲律宾，仍未批准这种可以救命的粮食。

这些对其安全性和经济效益的担忧[40]延缓了转基因作物的种植。在一定程度上，这些担忧是合理的，毕竟谁也不想创造出会在无意间造成不可逆危害的作物。但是美国国家科学院2016年的研究指出，我们对转基因作物的这些阻挠和管制本身已经造成了危害。那项研究显示，只要遵照NAS在此研究中制定的指导方针，负责任地开展种植活动，转基因作物就是安全的。也就是说，许多可能挽救生命的作物，今天都可以在发展中国家种植。这包括了像木薯这样的作物，但是木薯的经济回报太低，不足以支持完成复杂监管审批所需要的投入。

∞

虽然近几十年，我们已经依次在许多基因的研究上取得了进展，但是在识别控制复杂性状的关键基因和基因互动方面，我们仍有许多困难。那些复杂性状——耐旱性和更大的谷物颗粒——影响着农业产出[41]。幸好，我们已逐渐开始使用另一种分析方法，那就是用新技术筛选大量植物变异体的表型。这也是丹福斯中心和类似机构采取的方法，它们用最新的成像和计算技术来记录、分析和比较数百种，甚至上千种植物的物理特征。这个过程称为"高通量表型分析"（high-throughput phenotyping）[42]，它最初是为实验室环境开发的方法，现在也开始用于田间实验，而田间实验是对农业作物的关键测试。

用基因工程或传统育种让植物表达理想的性状仍是个难度极大的命题。虽然目前的方法对制造转基因植物很有益也很有成效，但要找到产生复杂性状的关键基因非常困难，这就限制了培育从根本上提高粮食产量的作物的可能。因此，为进一步、同时更迅速地提高农业产量，我们最近改用了另一种分析方法：运用现代工程技术筛选数百或数千种植物变异体，从中找出数量不多的具有理想性状的那几株。

这其实是较早的农业方法，以前的农民就是这样来选择并推广产量更高的植物变异体的。区别在于，我们现在会使用新的手段，从大量候选植株中筛选，并对它们进行监测和分类，而筛选不仅会基于它们是否表达了某几种基因，还基于它们是否随着时间推移表现出了一整套理想的物理性状，即它们的表型。

当育种者将具有潜在优良性状的近缘野生种不断整合进来，工作难度也呈指数增加，这些性状包括对线虫（一种摧毁作物的生物体）的抗性。将来自中国的野生大豆和在美国广泛种植的一种高产量变种杂交[43]，就能产生线虫抗性。尝试组合这两种基因型须将近4万个不同的基因进行混合[44]，并产生数量惊人的表型，其中只有几种具有最佳性状。伴随着强大计算处理能力的自动表型分析具有在干草堆里找到一根针的潜力，但即便如此我们也只是开了一个头。接下来还要经过一代代的培育和选择，才能到农民用种子在田野里种出持续可靠的作物的阶段。这就是技术融合显身手的地方了：它们能大大缩短一种更新、更有韧性、产量更高的作物品种从培育到收割的时间。

这种新方法用到了最前沿的技术：首先，用基于图像的植物表型分析方法记录物理特征；其次，拓展这些成像技术的应用，在需要选择成百上千种植物的高通量表型分析中使用。高通量方法最初是为实验室环境开发的，比如丹福斯中心的贝尔威勒基金会表型分析设施，但现在它们也被改良应用于田间实验。由于表型性状需要在植物完整的生命周期中显现，因此这些工程技术必须能够反复测量单株植物的性状，并精确地拼合出它的完整表型，以此与其他植物的表型进行对比。

不同于基因组学，表型组学（phenomics）收集的数据是非线性的，并且会在时间和空间中以多种方式演变。也就是说，要找到更甜的玉米或是耐旱的小麦，我们就必须监测植物的完整生命周期，并研究各个方面的问题，完整评估这些植物的表型，之后我们才能选出其中最易成活、产量最高的变异体。这些植物在雨水过多或不足时会有怎样的表现？肥料要多些还是少些它们才会长得更好？它们产出的食物部分有多少能被收割利用？它们的营养价值如何？它们的品相和味道怎么样？

直到不久之前，我们对这类信息的收集和研究还一直十分受限。众所周知，20世纪伟大的玉米遗传学家芭芭拉·麦克林托克（Barbara McClintock）[45]是亲自下田开展这项研究的，她在一行行亲手杂交的玉米植株间行走，触摸它们叶片的质地，观察玉米穗生长时的大小和颜色，仔细记录玉米粒的分布模式。

今天，科学家和农民已改用无人机和卫星图像[46]开展其中部分工作了：他们定期监测数百英亩的作物，操纵无人机在他们感兴趣或重点关注的区域上空盘旋并记录状况，他们甚至给无人机和卫星配备了极专业的摄像机，以测量植物用多少光线完成光合作用，或是需水量。但即便这样的数据收集也有其局限性。就算到了今天，监测田地中的单株植物也已逼近技术的极限，追踪单株植物的完整生长过程尤其困难。实际上，聚焦单株植物的高通量表型分析，已经成了利用大规模基因组数据改良作物的限速步骤。

要理解我的意思，请先跟我看一项实验，测试将两种亲缘关系较远的植物变异体杂交，能否创造出一种不需要多少水分就能茁壮成长的变异体。这个实验有点像孟德尔的杂交豌豆实验，但两者有一点重要的不同：孟德尔使用的是自交系植物，子代可能产生的样貌是有限的。但即便如此，他也观察了几百株植物。

而在我们的实验中，亲代植株会贡献出范围更广的遗传信息，并因此在子代中制造种类更多的表型——我们希望其中一些更耐干旱。问题是，我们一开始并不知道有哪几个基因，又有多少基因有助于耐旱。我们最接近的猜测（根据之前对亲代植株的分析）是1％的子代可能出现我们想要的性状。我们也许会在植株生命的不同阶段测试缺水的影响。如果我们感兴趣的是某种产出的食物，比如西红柿或大豆，那我们就必须追踪那些植株从发芽到产出食物的整个过程。要在1％的子代中发现罕见的性状，很可能需要在几百棵植株的生长期中反复观察它们。要将水、光线和温度敏感性等变量考虑在内，就必须监测几千棵植株。一个挺简单的实验很快就会变得异常复杂。

直到不久之前，这项工作还只能以芭芭拉·麦克林托克的方式开展，也就是亲自下地，用眼睛一棵棵地观察植株，日复一日。但是今天，我们已经在开发新的观察技术了，那些技术能让我们根据植物的表型，更快速高效地对它们进行观测和分类。为了亲眼见证进步，我决定走访丹福斯植物科学中心，以及我在本章开头描述的那间令人迷醉的生长室。

我在2017年初秋的一个早晨踏上了旅途。当我乘坐的飞机从云端降落，临近下方的圣路易斯时，我从舷窗向外眺望，一大片举世少有的肥沃农田在视野中铺展开来：辽阔的中部平原上是望不到头的田野，呈现出深浅不一的绿色，公路和铁路线在田野边缘伸展，小镇和城市遥遥相望。这是一片如同汪洋的广袤土地，其间坐落着圣路易斯——一座都市之岛。

农业在这个地区的经济中扮演着重要角色。圣路易斯及其周边坐落着这个国家最重要的几家食品公司——因此也坐落着几所大学和研究中心，包括华盛顿大学和密苏里大学。这些机构中有大批农业专家。丹福斯中心的创立者选中这个地点就是为了最大限度发挥这种协同作用，以达成"用植物科学改善人类处境"[47]的使命。

在丹福斯中心，前来迎接我的是中心的一位杰出研究者（Distinguished Investigater）伊丽莎白·凯洛格博士（Dr. Elizabeth Kellogg）[48]，她是一位植物生物学家，兴趣极广，深具洞见。凯洛格于2014年加入丹福斯中心，同时在华盛顿大学和密苏里大学圣路易斯分校兼职。她一直以来都在研究谷类作物及其禾本科亲属[49]，而谷类作物和人类营养[50]及人类文明的联系可以追溯到农业史的源头。

凯洛格带着我在场地快速参观了一圈，并将我的注意力导向密苏里平原的本土植物——各种野生的杂草、灌木和乔木，它们都呈现秋天的金黄。这些草原植物都生长自本地的种子，在密苏里的这个区域，它们代表的原始草原植被曾与森林交错分布，那是欧洲人到来前的景象。凯洛格带着无法抑制的欣喜描述了丹福斯中心的一个项目，它除去了近代栽种的标准景观植物，代之以反映这个地区生态历史的本土植物。稍远些的地方，一座座温室组成一个小村落，更远处是草甸和未经开发的草地，其中点缀着几家农业公司的总部。

进入丹福斯中心主楼，我的第一印象是它开放的设计，在我站立的地方一眼就能望到建筑的全部内景，连同外面的温室和实验田。我慢慢意识到，这里曾经是标准的企业总部式布局，后来经过了改造，和外面的土地一样展现了一种进行科学发展的新途径。这道门廊除了能让人观望建筑的内部和远方，还连接一大片供人集会的空地，它既是食堂，也是聚会中心。凯洛格告诉我，丹福斯中心的组织运行极大地依赖于合作，不仅是工作于其中的科学家、学生和技术人员的合作，还有中心和周围大学及农业企业的合作。和她一样，丹福斯的许多科学家都在当地的大学任职，许多人还与产业界的伙伴有着积极的联系。在我拜访期间，他们向我介绍的每一个项目、我参观的每一处设施、我听说的每一个长期目标，都被阐述为集体事业。这种合作精神使丹福斯中心生机勃勃。

参观结束时，凯洛格带我去见吉姆·卡林顿博士（Dr. Jim Carrington）[51]——丹福斯中心的总裁。我们在一间会议室见了面，在那里，卡林顿和十来个研究者一起，向我介绍了他们的研究。卡林顿是一位著名的植物分子生物学家，他说话时用词极为斟酌，大多数人只有在写作时才会如此。他有一种本领，能简述出那些复杂的概念最重要也最好理解的核心部分。

讨论伊始，卡林顿就摆出了一道难题：如何快速提高粮食产量。他说："如果要用今天的农场使用的方法和技术满足2050年时全世界的需求，我们要新增的耕地面积相当于非洲和南美洲的总和。"这显然不是办法，因此卡林顿和他的团队要探索新方法来持续养活世界人口，也就是用丹福斯中心的许多共享设施来开发技术和策略，在美国及世界各地增加作物产量，同时还不给环境增加负担。这项工程涉及多个层面、多门学科，但其核心只有一个令人着迷的理念：在今天的植物体内寻找天然的基因变异，以帮助工程师改良出面向明天的作物。卡林顿觉得，我们可以从自然的巧思中学到许多。植物的遗传复杂性是一座充满可能性的宝库，通过基因修饰和定向育种，我们能获得更优的植物变异体。不过，要想在有限的时段内做到这些，我们就必须在筛选过程中测试许多植物的生命周期。

之后，卡林顿把讲台交给了会议室中的科学家，他们快速地向我介绍了用来评估植物变异的诸多计划。其中一位研究的是用RNA抑制植物基因表达[52]的可能性。这是一个诱人的想法：我们不必给植物增加基因来表达某些性状，像是会产生毒素、杀死入侵的昆虫（如Bt蛋白），而是可以以抑制性RNA关闭特定的基因，使理想性状突显出来。另一位科学家借用了在汽车和航空工业中检测金属疲劳的X射线技术[53]，来呈现和测量一棵植株的根系生长。这对于木薯和土豆这样的块根作物和块茎作物极其重要，因为它们的粮食产品是长在土壤之中的。其他植物，比如大豆和豌豆，会在根部聚集氮元素，因此能补充土壤的含氮量；这就是轮作时会种植苜蓿这种固氮植物的一个重要原因。当前的氮需求大部分是靠化肥提供的外源氮来满足的[54]，而如果丹福斯中心的科学家能够运用根系成像技术对这个过程进行更深入的了解，他们或许就能增强植物自身聚集氮元素的能力，从而降低农民对氮肥的需求。

这次会面之后，我跟随丹福斯的两位科学家贝姬·巴特（Becky Bart）和奈杰尔·泰勒（Nigel Taylor）参观了中心的几处专业设施[55]——它们分别用于表型分析、显微镜观察、生物信息学、蛋白组学、质谱和植物组织培养。我们在一间间实验室外观看，并参观了丹福斯温室区域的一小部分，而整片温室区域共有43座实验站[56]和84间植物生长室。

接着我们就来到了本章开头的那间生长室，植物跳着令人难忘的舞蹈，在传送带上沿着复杂的路线移动。巴特和泰勒向我介绍说，这个房间最大的特点是让科学家能用计算机对每株植物的操控进行单独管理。这样便可容纳多个实验性变异过程，使几个实验在同一时间展开。在一轮长达6周的实验中，研究者可以用相同的条件测试一种植物的几个变种，或者用不同的浇灌或施肥情况测试一个变种。科学家可以混合、比较他们认为合适的实验模式。比如，他们可以在一个实验期内，在几种特征明显、基因型不同的植物身上，以5种不同的干旱条件进行检验，以确定哪种基因型会产生最佳表型。这是今天植物发育研究中的关键问题，这类实验进行得越快，农业产量的提高就越快。鉴于干旱或许是对未来农业最严峻的考验[57]，许多生长室内开展的实验都在检测植物的抗旱性。

在生长室之后，巴特和泰勒向我展示了丹福斯中心新买到的一件宝贝：一条工业机械臂，他们给它取名"格蕾丝"（Grace）。格蕾丝高约10英尺（约3米），安装了几台相机，能从好几个角度为一株植物拍照，在植物生长期间，它会用不同种类的相机捕捉植物的各种属性。这条机械臂安装在一块特殊平台上，平台能消除一切振动，使之捕捉到最清晰的图像。很快，在丹福斯中心生长室中的各个植物监测分析站点中，都会出现格蕾丝的身影。

成像是生长室中的关键技术。生长室部署的大量相机之中，包括能捕捉植物大小和叶型的标准光相机，能监测植物吸收光线的能力并测量植物逆境响应的荧光相机，还有能检测含水量的红外线相机。但成像还只是第一步，不同功能的相机拍摄的所有图像还要被先进的计算机转化成数字表征，由此生成的海量数据之后会经由那些计算机来分析。

今天，像丹福斯中心生长室这样的室内表型分析设施能让科学家在一天内收集数百株植物的数据。这比起手工操作是巨大的进步[58]，后者在一株植物上就要花费至少一小时，具体时间视表型而定。不过另一方面，这些新型室内设施收集的数据如此繁多，处理它们不仅需要最尖端的计算机，还要有专为图像处理编写的复杂软件。为完成这项工作，丹福斯中心的科学家们自己设计了软件[59]，名为"植物CV"（PlantCV），他们也公开了软件源代码，供全世界研究者使用。合作是这场赛事的标签，这也是丹福斯中心的一贯宗旨。

目前为止，似乎一切都很好，然而，研究者的最终目标还是研究在田地里生长的植物。为了这个目标，丹福斯中心的另一位杰出研究者托德·莫克勒（Todd Mockler）[60]率领一大队人马，开始在亚利桑那州的马里科帕开发一款田间测试设施[61]。马里科帕的这个设施有点像丹福斯中心生长室的极致版。这个计划称为"TERRA-REF"（来自可再生农业表型参考平台的运输能源资源，Transportation Energy Resources from Renewable Agriculture Phenotyping Reference Platform）[62]，有超过15名合作者参与，办公地点在亚利桑那大学的马里科帕农业中心农业部的旱地研究站。研究者将一块 20 米 × 200 米的田地进行改造，现在它可能是世界上最大的田间表型分析设施了。

这块田地供8万株植物生长，能呈现多达400个不同的基因型。观察这片田地的是一套复杂的仪器系统，称为"Lemnatec田野扫描分析仪"（Lemnatec Field Scanalyzer），它包括一个安装在钢质轨道上的金属龙门架，能在整片田地的上空来回滑行。这个龙门架上安装了各种复杂的相机，能收集下方生长的植物的各种表型数据，包括大小、生长速度、叶型、颜色、形状、作物产量、耐病性和保水性。更重要的是，在整个生长期和成熟期，装置会记录每株植物每天的这些数据。和那间生长室一样，马里科帕装置运用新的成像和计算技术开展高质量单株分析，以此应对大片田地植株品种繁多、难于监测分析这个令人头疼的问题。

有了表现植物性状和环境条件的高画质数据，开展高通量的田间表型分析就成了可能。莫克勒告诉我，这套马里科帕系统能追踪单株植物的发育长达两个月。一旦收集到了这些宝藏般的巨量数据，运营装置的科学家就会用先进的计算方法分析它们，包括机器学习[63]和其他人工智能方法[64]——这些分析能帮他们找到少许最佳植物品种，以供未来繁殖推广。对一些植物，这套设施已经掌握了依靠一株植物的表型来预测其30天后产量的能力。马里科帕的科学家们开展的工作还为我们进一步进行关键基因识别和下一代基因修饰的生物学过程提供了基础材料。

∞

在21世纪的最初几年，基因组分析和表型分析的革命已经促成了显著的进步。根据美国农业部最近发布的一份公告[65]，2017年，美国有超过九成的玉米地和棉花地种植了转基因变异体[66]，数量比2000年显著提高——在2000年，棉花才不到六成，玉米也少于三成。但如果我们要在未来几十年养活全世界不断增长的人口，即使这样显著的进步也仍然不够。

以木薯为例，这是一种对发展中国家意义重大的作物。木薯在贫瘠的土壤中生长，能抵御干旱。它的根部会长出巨大的块茎，那是热带5000多万人口极重要的主食[67]。但木薯主要是由自给农民在小块耕地上种植以供自己食用或拿到当地市场出售的。木薯的经济价值并不能吸引农业产业的投资，以使其像玉米、大豆和棉花等经济作物那样增加产量。

全世界只有少数几个研究项目在用基因修饰和表型选择改良木薯，丹福斯中心就是其中之一。我之前见到的那位科学家奈杰尔·泰勒向我介绍，这项研究最初是为了对付木薯褐条病（CBSD），那是一种昆虫传播的病毒性疾病[68]，它在近些年抑制了这种重要作物的产量，并威胁着非洲东部和中部农民的粮食安全和经济安全。泰勒说，要对抗这种疾病，最有希望的手段似乎是基因抑制：当植株经基因修饰[69]表达出一个造成CBSD的病毒的基因序列，这个基因就会触发木薯自身的疾病识别机制，并使其强化其防御系统。这就像接种疫苗，木薯预先做好了防备，因此在感染后能够立刻攻击病原体，使其来不及发展成疾病。

泰勒告诉我，在丹福斯中心的温室里，有一群科学家已经对这个项目展开了初步研究。他说，他们的研究是VIRCA（针对非洲的抗病毒木薯，Virus Resistant Cassava for Africa）及VIRCA强化计划的一部分。这两个计划的参与者包括乌干达和肯尼亚的科学家及政府机构，丹福斯中心也是其中之一。研究从2008年开始，他们先在木薯地中分离出了引发CBSD的病毒，以便找出触发抗病性的最佳基因序列。接着他们将这些序列注入数百株木薯的基因组内，并确认哪些植株能稳定而强烈地表达注入的基因，并产生最好的抗病性。最终，他们找出了25个表现最好的木薯株系，再通过国际合作，在乌干达几个CBSD最严重的区域开展封闭的田间试验，种植了这些株系。

在第一轮试验之后，研究组选取了大约6个株系进行重复试验，他们挑选了乌干达和肯尼亚的几处地点，在连续的种植周期中种下了它们。最好的植株不仅要能抵抗CBSD，还要在产出数量和质量上满足农民的要求。这使研究组将选择范围缩至2个株系，它们目前正在接受两国监管机构的进一步评估。这种评估会遵循食物、饲料和环境安全的国际标准，就像为评价和批准玉米、大豆和棉花等其他转基因作物而开展的数百次评估一样。如果一切顺利，东非的农民最早能在2023年免费获得这些新的木薯变异体[70]。

高通量表型分析或许还能让我们对木薯做其他有益的修改。根系表型分析是目前正在开发的一项技术，即用X射线技术为其成像[71]。一旦成功，这将成为一个关键性进步。迄今为止，对植物表型的研究还集中在嫩枝及叶子上，两者都是能通过视觉轻易观察到的。而对于木薯之类的块根作物及块茎作物，嫩枝和叶子并不能很好地反映粮食产品的数量和质量，也不容易对CBSD之类摧毁根系的病毒进行检测。而开发针对木薯的根系表型分析就能更加精确地监测CBSD及其他影响产量的因素，并促进抗病新策略的开发。

对木薯的基因修饰还可能提高其营养价值。木薯的块根是热量的上佳来源[72]，却只含有极少人体必需的微量元素。据世界卫生组织统计，在许多将木薯作为主食的国家，很大比例的妇女和儿童都患有贫血。未经修饰的木薯无法解决这个问题，因为它们的锌和铁含量过低，无法解决人们营养不良的问题。好消息是，参与VIRCA加强计划的国际团队已经开发出了新的木薯品种，它们块根中积累的锌和铁显著提高，有望加大这两种有利于营养不良人群的元素的供应。研究组的长期目标是培育一种更有营养、抗病性更强的木薯品种。

要为发展中国家和发达国家改良木薯及其他作物，我们一定会依赖对个体基因、对调节基因表达及稳定性的复杂机制的迅速加深的认识。另外，考虑到我们今天学到的对性状的多基因管理，我们还应继续对表型分析多加运用。而这又需要更多我在丹福斯中心见到的高通量技艺和技术，即用精准、快速的方法测量并记录植物性状，并用计算工具分析这些方法为我们提供的大量数据。

我们不知道（至少现在还不知道）是哪些基因决定了我们在作物

中寻找的所有这些复杂性状。但是看到生物学和工程学在农业领域的强力融合，我们确定这一天很快就会到来。当我乘坐的飞机从圣路易斯起飞时，这个信念使我充满希望。看着美丽的良田在眼前铺展开来，我心想我们一定能接下这个挑战：我们已经找到了通向新技术的道路，在未来，它们将帮助我们为这个星球上超过95亿的人口[73]提供经济又营养的食物。

第七章

再次绕过人口陷阱：加快融合的速度

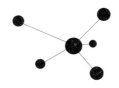

1937年，在其担任MIT校长的第七年，卡尔·泰勒·康普顿写了一篇有趣的文章[1]庆祝电子发现40周年，文章题目是《论电子：其智识与社会意义》（"The Electron: Its Intellectual and Social Significance"）。康普顿在文中提醒读者，电子是1897年由物理学家约瑟夫·汤姆逊发现的，他不单发现了这个粒子，还认定它是产生电流的唯一原因。当时的物理学家都认为原子是世界上最小的粒子，是一切物质的基本单元，无法再进行分割。但汤姆逊的发现颠覆了这个观点。因为这个发现，他在1906年获诺贝尔物理学奖[2]。但康普顿指出，直到5年之后，仍有一些物理学家拒绝接受这个发现和它的革命性影响。

但是再之后几年，他们就无法再固执己见了，因为汤姆逊的发现促成了越来越多近乎魔法的"电子"技术：无线电将信息发送到了大西洋彼岸，长途电话第一次让远距离实时交谈变成现实，光电器件被用来感应运动（用于开门）以及替代了相机和望远镜的胶片，电影有了声轨，不一而足。在回顾这些技术之后，康普顿宣布电子是"人类历史上用途最广的工具"，但他接着指出，这项发现真正意义上的影响力仍未被认识到。他当然是对的。那是1937年，无论是他还是别人，谁也无法预见电子产业会变成什么样子，这个产业又将如何引发20世纪的技术转型：我们发明了计算机和信息产业，还建立了今天这个数字驱动万物的世界。

汤姆逊的发现不仅为新技术，也为新发现敞开了大门。在他的感召下，科学家纷纷投身于对亚原子世界的研究，他们很快发现了中子和质子，即原子中除电子以外的成分。他们并未就此止步。今天我们知道，就连中子和质子本身也是由别的粒子构成的，即夸克和胶子[3]。

亚原子粒子的发现开创了核物理学，这门学问又引出了各种革命性技术，包括核能发电，以及核医学的非凡成像功能。不过就像许多新发现刚出现时一样，做出发现的科学家起初并不知道自己的研究终究会产出什么。欧内斯特·卢瑟福是公认的核物理学之父[4]，他在1909年发现质子，在1911年又提出了原子核的存在。可是就连他自己都没有预见到这些研究的实用价值，他曾在1933年断言："任何想要靠这些原子的转化获得能量的人[5]都是在夸夸其谈。"但是仅在不到20年后的1951年，美国就在爱达荷国家实验室的一座核电站[6]展示了核能发电。

像卢瑟福这样无法预见自己的发现有什么实际用途其实是个普遍

现象。无论我们怎么努力，都很难准确预测对哪个宇宙基本现象的洞悉会为后来的技术奠定基础。但是，基础领域的发现对开发新技术、创造更大的人文及经济利益来说必不可少。我来说一个也许只是谣传的故事，它发生在19世纪50年代，当时的英国财政大臣威廉·格莱斯顿（William Gladstone）[7]对迈克尔·法拉第关于电流的行为表现和电磁学的划时代发现提出了质疑，质问他这些发现有何实际用途。法拉第承认他说不出有什么特定用途，但是对于这些发现的潜力，他的信心并未减少。据说他回答格莱斯顿："先生，您或许很快就能对电征税了。"

近年来，各国政府都认识到要想享受新技术带来的经济红利，就必须投资基础研究。对于普通投资者，基础研究的经济回报前景太过长久，不确定性也太大，因此就需要政府担起这个为将来的经济回报播种的责任，为早期研究提供联邦资金。投入这些资金的国家也都在工业和经济增长方面取得了巨大回报。

我在本书的前言部分提到过，大约100年前，电子、X射线和放射现象的发现首次向我们提交了一份物理世界的"部件清单"，一代具有革新精神的工程师也以此为基础发明了非凡的新型电子工具和技术。在远比大多数人更早的时候，卡尔·泰勒·康普顿就明白这场物理学和工程学的融合将开启一个科学创造的新时代，我们今天可以称之为"融合1.0"。为此，康普顿在职业生涯中费尽心血，无论在MIT还是别的地方，都鼓励不同学科的合作，以求能最大限度地发挥这种融合的潜能。融合1.0对世界的改变之深，怎么强调也不为过。它促成的数字技术和计算机技术现已成为日常生活中必不可少的部分，以至于我们都习以为常了。

而正如我在正文中写到的，今天我们又多了一份来自生物世界的"部件清单"。有这份清单在手，我们来到了另一次和工程学融合的当口，有希望再次彻底改变我们的生活。我在前面简单介绍了几种激动人心的新工具、新技术，它们都是这次融合2.0[8]带来的成果：病毒做成的电池、基于蛋白的净水器、能够检测并治愈癌症的纳米颗粒、由大脑驱动的假肢，以及由计算机介导的快速作物筛选。这些技术同许多尚在开发或者尚在我们想象之外的技术，有望带给我们一个更加安全、健康和清洁的世界。

这些可能性使人兴奋不已。就像水通道蛋白A/S的创立者和CEO彼得·霍尔默·延森对我说的那样[9]，许多问题或许很快就可以"用自然的巧思"解决了。我们或许很快就能使病毒为我们所用，不仅可以用它们清洁高效地生产电池，就像安杰拉·贝尔彻正在做的，还能让它们去做我没有写到的工作，比如把甲烷变成乙烯[10]（那是制造塑料袋、塑料瓶及塑料盒的关键成分），或是加速氮的固定（这是一个能源密集的步骤，却对肥料的大规模生产、养活地球不断增加的人口必不可少）。我们或许很快能掌握纳米颗粒的使用，不仅用它们来检查和治疗癌症，就像桑吉塔·巴蒂亚正在做的，也用它们来回收空气中的二氧化碳，以逆转气候变化[11]，并把捕获的二氧化碳加工成有用的工业和商业产品，比如做成特殊涂料，使几乎任何表面得以自我清洁和具有疏水性[12]。我们或许很快能掌握植物的力量，不仅用它们照亮家园，也用它们从自然资源（如太阳、风和潮汐）中收集能量，满足我们的能源需求，使我们不再依赖化石燃料。

然而这一切并不会自然发生。促成融合2.0需要经费支持、跨学科合作和政府的决心，融合1.0的成功靠的正是这些条件。这需要为基础研究引入有分量的新投资，创造充足、长期的资本流以培养新产业，还需要开放移民政策，重新吸引全世界的优秀人才。

旨在促成融合的政策和做法不会自动产生。它们在1897年汤姆逊发现电子时不存在，在1911年卢瑟福提出原子核时也不存在。甚至到1937年，担任MIT校长多年的卡尔·泰勒·康普顿撰文纪念电子的发现时，它们仍不存在。当康普顿写下那篇文章时，促成融合1.0所必需的基础发现已经问世，但美国仍在从大萧条中恢复，尚未投入足够资金，以激发融合1.0的产品和产业的全部潜能。当时的失业率超过14%[13]，并将在下一年冲到几近20%，制造业的产出也在下降。没几个人能想到，短短几十年后，这个国家就会成为技术、教育和经济大国。

带来转机的，一是第二次世界大战，二是美国携同其他国家启动的重大跨学科项目，它们开发出多种促成盟军胜利的技术，比如雷达、声呐、新型计算设备和原子弹，这些都是属于融合1.0的技术。

当战争结束，联邦政府决定继续对科研投资，这轮投资的发起人是范内瓦·布什（Vannevar Bush），他是美国在战争与和平时期技术项目的主要架构者。投资推动了战后的工业和经济增长，也将美国推上了世界领先的位置。世界各国都从这次成功中吸取了经验，并竞相复制促成这次成功的行动：热切的联邦研究与开发投资策略，世界级的研究型大学，吸引移民的政策，以及着眼将来的产业模式。我担任MIT校长期间，几乎每周都会接待一位外国访问者，他们的国家都立志复制美国在20世纪的经济奇迹。这些国家都有雄心勃勃的计划，而且实施力度超过以往任何时候，他们增加投资，制定政策，只为能开发出面向未来的技术。

∞

我很幸运，在担任MIT校长时对未来的科学和技术获得了常人无法企及的视角，我也因此看到了融合2.0的曙光。正像融合1.0改变了20世纪，融合2.0也有潜力改变21世纪。这次改变也许会比上一次更加剧烈，因为我们正在开发的工具和技术有望直接应对许多严重威胁我们这个物种、这个星球的难题。但事到如今，我也有了疑惑：美国还能充分调动自己来领导融合2.0，就像它曾经领导融合1.0那样吗？它又能否不依赖战争——这个不幸的催化剂——做到这一点？在我看来，这是我们这个时代其中一个重要的政治问题，也是我们需要努力解答的问题。

因为生物学和工程学的这次融合，我们完全有信心再次避免托马斯·马尔萨斯在1798年描述的可怕命运[14]：他说未来将不可避免地为战争、饥荒和瘟疫所笼罩。光是现在，我们的手中已经有了改变局面的新技术，比如我在书中努力展示的那一些。现在我们还必须问一个关键问题：我们要如何使这些技术加速投入应用？我们要创造怎样的条件，才能在最短的时间内发明更多技术？

在最基本的层面，调高创新仪表盘上的几个开关就能产生巨大收益。根据在20世纪融合1.0中得到的经验，我们已经知道哪些做法会产生效果：增加联邦政府对基础研究的投资，以鼓励跨领域、跨机构的项目和教育；设置技术转化通道，将新想法快速推向市场；制定财政政策，以鼓励面向较长周期、资本密集型产业的投资；实行的移民政策应持续保持研究活动对全球人才的强大吸引力。致力于这些策略并非不切实际的妄想。但要释放融合2.0的全部潜能，我们还须重新思考我们的教育机构、科研实验室、资助机构及金融政策的结构，眼下这几套体制都在阻碍多领域交叉。让我们稍微考虑一下我们可以做些什么。

∞

　　我在前面描述的例子统统需要政府资金才能办到。联邦政府对发现研究和开发的持续投入使美国在20世纪跃升至技术领袖的地位。在用高额投资研发出赢得二战的技术之后，美国又在联邦层面做出一个重要承诺，要继续投资研发。其主旨，用范内瓦·布什的话说，就是"从对科学的战时应用中积累的经验[15]……可被用来在和平时期获利"。

　　到20世纪60年代中期，用于研发的联邦投资[16]已经达到GDP的2%。在GDP中的占比是最恰当的衡量标准，因为它展示了一个社会愿意为研究付出多少。联邦机构本着"更聪明就是更好"的宗旨拨款，使新企业，甚至新的行业得以建立。在20世纪的后几十年里，这些投入取得了丰厚的回报，计算机和信息产业，以及由它们支撑的工具和技术都出现了爆炸式增长。

　　然而出于短视，美国政府减少了对研发的投资[17]，现在它已经降到连GDP的1%都不到。虽然在联邦研发投入下降的同时，私人对研发的投资在GDP中的占比有所上升，但后者并不能代替前者。私人研发和公共研发侧重不同：在公共研发中，联邦投资主要用于支持早期研究，而在私人的、产业方向的研发中，资金的侧重点是如何将研究中的发现开发成市场产品。这两样必须兼具，它们是无法相互取代的。

由于几个原因，联邦研发投资的减少对跨领域研究打击尤为剧烈。当资助停滞或标准下降，对资源的分配就变得日益保守，资金会流向那些更好预测的领域，而不是那些不甚确定的新方向，比如融合2.0。不仅如此，大部分联邦研究经费都经由几大研究机构分发，即美国国家卫生研究院（NIH）、国家科学基金会以及美国能源部和国防部，而这些机构部门的研究都受到20世纪学科分类的指引。由于不同机构致力于不同的学科，使跨学科的融合2.0项目很难领到经费，甚至根本领不到。有几个项目是靠私营的慈善基金会站出来提供经费，才启动并维持了新的跨学科研究的。据科学慈善联盟（Science Philanthropy Alliance）统计，2017年私营慈善基金对基础科学（全部门类）的投资[18]达到了23亿美元左右（这个数字的根据是调查对象的回复，故有可能低于实际）。这虽然不能与联邦研究经费相提并论，却也为新的科学方向铺出一条道路。例如，私人基金会的赞助证明了将生物学与工程学相融合的脑研究的可能性。

减少联邦研发投资对物理科学和工程学的打击最重，而这些都是对融合2.0至关重要的领域。据美国科学促进会报道[19]，在1970至2017年间，针对这些领域的项目投资减少了约55%（相对于GDP）。即使对于生物医药研究，联邦研发支出也在1996至2003年间翻倍之后，出现了显著下降，以购买力计算，它在2003至2017年间下降了近22%。不久前，国会提高了国家卫生研究院的拨款标准，但这个待遇并未惠及物理科学。如果在融合2.0的机会加速产生的未来几年中，联邦投资继续停滞或者下降，那么美国将无法抓住这些机会，也无法再保住全球技术领袖的位子。

从国家层面看，联邦研发投资的减少令人费解，而从全球层面看，它就更加令人费解。1995至2015年间[20]，许多国家采取了使美国在20世纪取得巨大经济成就的战略，努力增加政府及产业界对于技术研发的投入。增加最显著的当数中国（现已超过其GDP的2%）、韩国和以色列（均达到GDP的4%以上），以及日本（远超过GDP的3%）。这些国家的研发投入规模已使它们站到了可与美国竞争的位置，而美国政府与产业界的研发总投入却停留在了GDP的约2.8%。也就是说，这个国家曾是投资未来技术的世界领袖，现在却有落于人后的危险，尤其考虑到中国还将继续增加对研发的投资。

考虑到它们能带来的红利，联邦研发投资的减少同样说不太通。我只举一个例子：国家卫生研究院在2018财年的预算[21]约为370亿美元，这笔钱支撑了生物和医药领域的大部分研究。对这项投资的回报已经有了各种测算。以疾病预防带来的节约为例，据美国疾病控制和预防中心（CDC）估计，仅对2009年一年出生的儿童，儿童疫苗（许多是用NIH经费研发的）就将挽救42 000条生命、预防2000万个病例、减少医疗开支达135亿美元。多亏了由NIH赞助产生的医学新知和技术，我们亲眼见证了美国人的平均寿命[22]从1960年的不到70岁延长到了2015年的78岁以上，由此产生的经济价值约为每年3.2万亿美元。这是惊人的投资回报。

要充分利用融合2.0提供的机会，我们还面临一个重大障碍：联邦研发资助经费通常遵循"单投资人"（solo adventurer）和"单学科"（singular discipline）模式，但两者都已不适应基础广泛、横跨学科的融合式协作研究了。

所幸，美国政府已经认识到了需要更新资助模式，也开始试着投资跨领域、跨机构的研究。其中最著名的要数人类基因组计划[23]，它于1990年由一家国际合作机构发起，经费主要来自美国国家卫生研究院和英国的惠康基金会（Wellcome Trust），还有一个私人团队参与竞争。从1990至2003年，项目召集了生物学家、计算机科学家、化学家和技术专家，共同开发基因测序的新方法。初期的成果包括绘制出了苍蝇、小鼠和人类基因组的第一批基因图谱[24]，由此加深了我们对大量生物学过程的理解。这还为疾病的遗传学分析奠定了基础，现在我们已经可以识别癌症、糖尿病、精神分裂症等疾病的候选基因[25]。其中关键的成就在于开发出了DNA测序的新技术，使测序成本大大降低。2001年，一个人进行基因测序的花费[26]超过1亿美元，而今天这个费用已降到了1000美元以下。有赖于人类基因组计划，我们掌握了在全新层面上理解疾病的工具，这将使我们有能力针对个体独有的基因型和特定的疾病亚型开展诊断治疗。

再后来的2000年，国家纳米科技启动计划（National Nanotechnology Initiative，NNI）[27]召集了20个联邦部门和机构，目标是加速纳米尺度的研究进程和产业应用。NNI下的项目触及了几个领域，包括为医学成像开发量子点（即量子级的半导体），电池电极的新构造，以及从水中提取氢元素的纳米材料。2013年，美国政府又发起了"基于先进的创新型神经技术的脑研究计划"（Brain Research through Advancing Innovative Neurotechnologies Initiative，BRAIN）[28]。这个项目为期10年，召集了神经生物学家、工程师和物理科学家，他们跨越3个机构研究，以期发明新技术来解开人脑及可能摧毁人脑的疾病的复杂原理。项目的目标之一是缩小脑机接口，就像那种约翰·多诺霍等人用来记录脑部活动的接口，并为脑功能绘制出精度更高的地图。这些进步有望使更多有需要的人用上第五章描述的先进假肢技术。同样在开展的还有类似的跨领域、跨机构项目，比如"精确医疗"（Precision Medicine）、"微生物组"（microbiome）和"抗癌登月计划"（Cancer Moonshot）。

这些跨领域、跨机构的研究项目虽已取得了显著成就，但它们在今天却仍属另类，而非主流。若想从融合2.0中获取最大收益，就必须改变这一局面。

∞

　　我们还要在政府圈子之外谋求改变。想想今天的大多数大学是如何划分其学院与科系的：根据学科。从许多显而易见的方面看，这样的划分方法也很有道理。一个接受过正规训练的化学家组成的化学系能够组织课程与实验，基于一套概念来建构另一套概念，并将学生培养成化学领域的专家。它能让整个科系共享研究设施，对基于共同利益的课题展开研讨。而一流的科系更是能通过设计课程、创立研究项目来决定该领域的未来。

　　然而随着时间推移，科系、学科之间的界线会变得僵硬封闭。每门学科发展出了各自的历史、语汇、对问题的定义及稳定的下设研究分支，这一切无不阻挠着学科间的合作与理解——而这两点正是加速我在本书中描写的科学融合的必要元素。

　　在MIT任职期间，我和同事致力于打破藩篱，促成学科间的合作与理解。例如，我们成立科赫综合癌症研究所，将生物学家、工程师和临床医师聚在一起，并要求研究所的每位成员必须学习一些别人的语汇和解决问题的思路。为达成这个目标，我们发起了"工程天才酒吧"（Engineering Genius Bar）、"交火"（Crossfire）和"医生来了"（The Doctor Is In）几个活动，帮大家弥合各自领域间的缝隙。我们不希望生物学家只在走进死胡同时才把工程师当作"服务提供者"喊来帮忙。

这个做法很快结出了果实。新的合作引出了新的洞见，由此也产生了几十条新思路，我只举其中的一条：葆拉·哈蒙德（Paula Hammond）教授是化学工程师[29]，首创了纳米技术的逐层组装法（layer-by-layer nanotechnology fabrication methods），用来建造能量储存设备。她和医师及分子生物学家迈克尔·亚夫（Michael Yaffe）[30]教授搭档开发了一种纳米颗粒，这种颗粒能按照精心计算的时间，先后投放两种抗癌药物，从而提升化疗的效果[31]。

我不是主张抛弃大学的科系结构，它毕竟还有许多重要功能。我也不是主张立即重组科系，换上另外的名称，设定另外的目标。我刚出任校长时，就有人问我MIT是否需要进行这样的命名和重组，我说不用。我的感想是，即便只展望之后短短的几十年，我们也不可能知道最重要的将是什么学科、什么方向。所以我们选了另一条道路：利用当前学科的历史和实力，开设跨学科实验室和研究中心，凡有可能，我们就为教员提供两处根据地，一是科系，二是研究中心。这是MIT自二战之后就一直采用的模式，我们用它来延续以校园为场所的多学科合作，这种合作曾在战时的雷达研发中取得丰硕成果。在那之后，几个聚焦技术或难题的研究中心也促成了物理科学和工程学的合作。现在我们对这个模式进行扩张，以服务融合2.0，我们希望保持原有学科的实力，同时也追求新型的跨学科合作，让它们要么随着成功而进一步发展，要么随着失败而解体。这个做法已经取得了超出预期的成功。许多其他学校也开展了类似的实验，他们更新组织结构，使不同学科相互融合。较有前途的模式包括西北大学的国际纳米技术研究所（International Institute for Nanotechnology），康涅狄格大学医学院的再生工程研究所（Institute for Regenerative Engineering），设置在哈佛大学、苏黎世联邦理工学院和日内瓦生物校园技术机构（Campus Biotech）的维斯研究所及中心（Wyss Institute and Centers），以及加州大学伯克利分校和旧金山分校合作进行的生物工程项目。

　　我们还可进一步调整教育体系，激励发现，也同时激励革新和新产业的建立。现在的研究生项目很少会为学生之后走向企业铺路，虽然理工科博士生毕业后进入企业或自己创业的情况已经越来越多了。在有些学校，这一点正在改变。例如波士顿的东北大学，最近就与葛兰素史克公司联合启动了一个"博士积累经验项目"（experiential PhD program），目的是让学生在学术和产业两方面同时获得经验。丹麦的几家大学也设置了产业博士和博士后职位，由政府和企业共同出资。如果我们想激励融合2.0产品的开发，就需要更多此类项目，以及对研究生教育的此种具有创意的思路。

∞

融合1.0的经验告诉美国人，联邦研发投资有助于催生新产品、新公司，甚至新产业。但是要从联邦投资中获得更大收益，我们还需加速新想法、新概念从实验室走向市场、成为商品的过程，这个过程将有赖于政府、学界和企业界之间的新型关系。比如在1980年之前，在联邦资助的研究中产生的专利均属联邦政府，而联邦各机构并无有效的机制或激励因素将研究出的产品推向市场。因此，投入巨大的美国并未从中收获那些潜在的经济效益。

随着1980年通过《拜杜法案》（Bayh-Dole Act）[32]，一切有了改观。这条法案旨在加速研究发现向商业产品的转化，它将依靠联邦经费开发的知识财产的所有权移交给了从事本项研究的机构，如大学、非政府组织和小型企业。专利权的移交在经济上大大刺激了这些机构，使它们纷纷将发现开发成了可以推向市场的应用。衡量《拜杜法案》是否成功的一项指标是美国学术机构获得的专利数量[33]，这个数字1980年时不足500，1996年时已超过2000了，到2016年更是激增到了接近7000。

斯坦福和MIT常被称为技术转化最成功的大学，常年在美国专利及交易办公室的大学专利活动年报中名列前茅[34]。在孵化初创企业的榜单上，它们同样遥遥领先。这些成功一方面是源于两校优秀的工科项目，它们往往是以产品为导向的。但除此之外，两所学校的历史也催生了更便于它们与产业界合作的文化和政策。这两所学校都创建于19世纪下半叶。MIT的建校理念包括在实验室中解决实际问题，让学生"在动手中学习"，而在课程中它体现在包含"机械操作方面的训练"（今天称为"工科"）并强调"实用知识"的价值。斯坦福的崛起始于20世纪50年代，当时电子和早期计算机产业在附近的硅谷正处于起步阶段，学校也在科研上与这两个产业建立了系统的联系。也就是说，两所学校都处于促进美国工业化加速的位置上，在许多方面，它们的文化中都嵌入了技术转化的基因。

今天，两所学校技术转化的侧重目标都是推动研究成果进入工业开发阶段——多多益善，越快越好。根据经验，它们知道大部分新产品、新企业都会失败，它们还认识到使技术简单、快速地转化对所有人都有利。为促成这一点，它们的技术转化办公室都招募了具有行业经验的人才，能同时从两个方面考虑相关事宜。除此之外，两校得益于长久以来的技术转化背景，积累了丰富的经验和在产业界的宝贵人脉。它们将结识伙伴视为一项极重要的任务。与它们相比，有些机构则更加侧重经济回报，这就可能会拖慢技术流向产业界的速度，还有可能切断能产生长远利益的长期合作关系。

因为将技术转化视为自身的重要使命，斯坦福和MIT都深入参与到了当地的经济生态之中。而两者周围形成的生机勃勃的产业中心（斯坦福的硅谷和MIT的肯德尔广场）正体现了它们的理念。无论是两所大学还是它们附近的创新中心，都享受着这种互惠协同关系所产生的经济和社会效益。许多学术机构已经开始仿效，意图在周边建立创新生态系统，加快将研究产生的发现转化为市场产品的步调。

　　无论是融合1.0还是融合2.0，长期投资都是兑现承诺的关键。在这个新企业竞相融资的世界，投资者比起所谓的"硬技术"，常常更青睐于软件。这里的软件范围很广，社交媒体平台、线上搜索算法和电子游戏都算。它们成本较低，开发较快，投资回报可能非常丰厚，至少就短期而言——随便问问哪个十年前把钱投进Facebook或是谷歌的人就知道了。硬技术就不同了。它所需的物理基础和技术需要投入多年时间和大量基础设施才能研发，再要经过多年的生产过程优化和规模升级才能推向市场。我在本书中描述的所有融合2.0产品都是硬技术——基于病毒的电池、使用蛋白的净水器、依靠纳米颗粒的癌症检测系统、可以由使用者的大脑驱动的假肢，以及靠计算机介导的新作物选育。融合1.0的产品也是如此，比如下一代喷气发动机及核反应堆。这些实物能改变我们的生活，但要使它们进入市场却很困难：投资者须得眼光长远，能看出下一代产品的潜力，还要愿意耐心等上很久，直至回报产生。

　　水通道蛋白A/S的故事就很好地展示了企业在开发融合2.0技术时的难关，以及目光如炬的投资者能够带来的助益。这家公司必须发明新的方法，才能为他们的净水器生产工业数量的水通道蛋白。他们首先要为膜蛋白发明新的蛋白生产过程，因为标准的生物制药过程只能在溶液中生产蛋白。他们还要为膜片开发一套全新的生产设备。考虑到筹集数量充足、有足够耐心的资本是多么困难，我问克劳斯·海利克斯–尼尔森，公司准备如何应对将净水器推向市场所需的时间和花销。他解释说，水通道蛋白A/S的主要投资者[35]是丹麦和中国的几个公共和私营机构，他们对这项投资的回报有着相当长远的打算。他向我描述了他们的投资理念："如果水通道蛋白技术生效，就一定会取得商业上的成功，更重要的是，这在污水处理上的进步将惠及全世界。"

要想越过难关，释放融合2.0的潜能，我们就必须多做工作，说服投资者以这样的方式思考。我们需要颁布政策，鼓励对周期长、资本密集的产业投资，投资的目标也要明确，就是鼓励对融合2.0及其他硬技术产品的开发。黑石（BlackRock）集团的董事长兼CEO拉里·芬克（Larry Fink）给政府出了个主意，或许能用来创造这样的激励机制。他主张，政府应向这类投资提供税收优惠[36]，而且优惠幅度要随着投资的时长同比例增长。这是一个明智的提法，能鼓励资本流向硬技术企业，从而惠及美国经济和全世界人民。我们需要多出这样的主意，并将它们付诸实践。

我们还要重申我们早已知道的事实：移民是推动美国创新的一股

强大力量。想想这些由第一代或第二代移民开创的成功的美国企业[37]：苹果、谷歌、亚马逊、甲骨文、IBM、英特尔、eBay、特斯拉、波士顿科学和3M。截至2017年，《财富》杂志评选的世界500强企业的创立者有近一半是第一代或第二代美国人[38]，在美国大学的科学、数学和工程系科（都是世界上最具竞争力的系科）中，有远超三分之一的研究生新生[39]来自别的国家。今天的年轻人可以到世界的任何角落去逐梦，如果我们还想做吸引全球创业人才的强大磁石，就要开辟更易通行的移民通道，让那些探险者来建立新公司，开创新产业。我们需要放宽学生签证和工作签证的政策，也得让通向公民身份的道路更加通畅。不幸的是，我们现在并没有这么做。近来关于限制移民、收紧H1B签证（这是许多科学家和工程师进入美国的通道）的提议已经使许多潜在的移民放弃美国了。研究生项目录取的海外学生[40]在2016年也已停止增长，到2017年秋季，美国各学院和大学录取的海外学生[41]自2001年纽约恐袭后首次减少[42]。在竞争激烈的全球经济中，这不是一个能令我们保持领先的势头。

∞

我在本书中描述的非凡技术只是许多未来可能性中的少数几个，到2050年，当世界人口超越95亿[43]时，它们将把我们从不断迫近的能源、水源、医药和粮食危机中解救出来[44]。不过，要将这些激动人心的技术上的可能性变为现实，还要靠下一代人的双手和头脑。

我对美好的未来充满希望是因为对这些技术充满信心，更是因为对下一代充满信心。与MIT和其他学校学生的对话使我受到空前的鼓舞，这些年轻人非常清楚世界正面临的紧要难题，他们也在热切地为之寻找解决方案。身为校长，每年秋季开学时我都会在校园里走一走，听新生说说他们的计划和抱负。他们的回答每每令我吃惊：相比于生物学、机械工程或是经济学，大多数人对我们最新开展的能源和生物工程项目更有兴趣。当我们带着MIT能源启动计划和融合2.0的几个研究所及项目扬帆时，这份兴趣为我们送来了一阵及时的东风。

来自各地的学生都想知道："我该如何寻找解决方案？"而我们教育机构的问题是：如何为学生创造机会，让他们参与那些从问题出发、由目的驱动的活动？如何让他们参与到解决癌症治愈、能源可持续等问题的进程中来？在做这些事时，我们又该如何向他们传授那些极重要的基于学科的知识，以支持他们发明出梦想中的技术？

我们的学生和教育者正面临同一个困境：要为解决世界难题做出真正的贡献，学生们就要学会许多东西。他们要有扎实的学科知识的基础，才能卓有成效地运用自己的知识和技能，解决现实世界中的问题。可是谁会有这个耐心呢？MIT的对策是在本科生教育中同时设置分学科课程和基于问题解决的活动。例如，当我们启动MIT能源启动计划时，有一小拨学生说他们想立即动手，设计出一条通向可持续能源的未来之路。为了帮他们实现愿望，我们决定新开一个本科生的能源辅修科目——而不是开设一个新的主修科目。如果我们的学生毕业后要在能源行业做出有分量的贡献，他们就要拥有扎实的学科知识；如果还能从其他学科的角度看待能源难题，他们就能更好地贡献力量了。对核能的物理基础、相关经济学和政治学问题都有所了解的核工程师在应对设计、建造和运营核电站的难题时会拥有更宽广的视角。

同正式的辅修和主修课程一样，学生们也从参与研究中获益匪浅。二战后，当局决定将大部分美国科研企业嵌入高等教育机构，这促成了新老学者之间知识的发现和传输之间的有效配合。在研究实验室中，我们的学生能切身感知在课堂上学习的课程是如何变成工具，以寻找从问题出发、由目的驱动的解决方案的。当一个本科生带着难掩的兴奋描述她的研究项目，说她正在确定一种经济、高效、对环境友好的电池的化学成分时，我知道我们的教育成功了。当一个为化疗设计新型纳米颗粒的本科生告诉我他的哥哥被确诊了癌症，我知道他已经加入了那场为所有人开创美好未来的征程。

∞

我在当前位于科赫综合癌症研究所的座位上，每天都见证着融合2.0的力量。我的同事中有诺贝尔奖得主、生物学家菲利普·夏普（Phillip Sharp）[45]和世界知名的工程企业家罗伯特·兰格，两位都是融合2.0的热心提倡者。这里的教员和学生来自世界各地，带来了五花八门的专业知识。这里组成人员的多样性令人吃惊，什么背景、什么国家、什么表型或基因型的人才都有。但是面对癌症的骇人威胁，他们背负着同一个承诺，那就是携手跨越前方的一切障碍。而胸怀共同抱负的人如果齐聚一堂，他们的力量就能壮大。我们的机构就提供了这样的催化环境，用群体力量和资源放大个人的才华，以服务于他们共有的宏大目标。我们能否激励这个国家（以及所有国家）找到一条新的道路，以缓和未来的种种威胁——在逐渐上升的海洋中溺亡，因缺乏洁净的饮用水而干渴，因为无法诊断和治疗的疾病而死去，因残疾而阻滞地生活，或是因为缺乏平价粮食而在动荡的政局中受苦？

我是在斯普特尼克*的阴影下长大的。不过那个历史时刻并没有使我感到恐惧。我反而将它看成一座散发着希望之光的灯塔：科学和工程竟能将我们送上月球，以及更远的地方！这座灯塔为我指出了一条明路，它引领我成为科学家，研究大脑如何自我装配，反思不同领域的学者和研究者如何协作，并最终在耶鲁和MIT设计出了一条跨越学科研究的道路来改善世界。这条我和许多科学家及工程师并肩行进的道

---

* 苏联于1957年发射的人造卫星，其成功发射在美国引发了一系列震荡。

路已为我们带来了巨大的启发和回报。但前面的路还很长，未来隐约可见，我们将在这个世纪面临使人畏惧的挑战，要想逾越，就必须唤起共同的志向、共同的承诺，而它们的力量丝毫不亚于使我们赢得第二次世界大战的意志和承诺。只是这一次，我热切地期待，我们的动力并非战争的威胁，而是和平的希望。

致谢

Acknowledgements

当我在2012学年末卸任MIT校长时，我休了一年学术假，到哈佛大学约翰肯尼迪政府学院的贝尔弗科学与国际事务中心（Belfer Center for Science and International Affairs）去做访问学者。待在贝尔弗中心的那一年使得我有机会反思我在MIT的校长工作，反思MIT这所学校的历史。那一年中，我的思绪一次次回到"融合"这个推动我撰写了本书的概念。其实在我之前很久，就有许多人窥出了这个概念包含的种种可能，他们的深刻见解使我获益良多，他们是汤姆·马格南蒂（Tom Magnanti），我加入MIT时工程学院的院长；泰勒·杰克斯（Tyler Jacks）、罗伯特·兰格和菲利普·夏普，三位都是科赫综合癌症研究所的缔造者；汉斯约格·维斯（Hansjörg Wyss），他在几十年前就将融合的概念注入了临床产品；厄尼·莫尼兹（Ernie Moniz）和罗伯特·阿姆斯特朗（Robert Armstrong），MIT能源启动计划的发起人；还有布鲁斯·沃克（Bruce Walker）、苏珊·拉根（Susan Ragon）和特里·拉根（Terry Ragon），拉根研究所（Ragon Institute）的创立者。以上几位和其他许多人加速了"融合"这种发现模式的成形和其向现实技术的顺利转化。

一年休假结束之后，我受邀发表肯尼迪学院一年一度的埃德温·戈德金演讲（Edwin L. Godkin Lecture），我的演讲题目是《21世纪的技术故事：生物学与工程学及物理科学的融合》。演讲结束后，贝尔弗中心的负责人格雷厄姆·艾利森（Graham Allison）——以他独特的劝说的风格——强烈建议我写一本书与更多人分享我的故事。很快又有其他人鼓励我写这样一本书，包括苏珊娜·伯格（Suzanne Berger）、威廉·邦维利安（William B. Bonvillian）、罗伯特·D. 帕特南（Robert D. Putnam）和菲利普·夏普。尤其是菲利普，他让我明白，在书写那些有望创造美好未来的新技术之余，如果也能对发明那些技术的杰出人物进行讲述，我这本书就会更加吸引人。这正是我采用的写法，这个点子完全是菲利普的功劳。

我在本书中所讲的故事来自我和几十位科学家、工程师、社会科学家、人文主义者和企业家的对话，每一个人都花时间与我分享了他们的发现、他们的梦想。不仅如此，他们中的许多人还阅读了本书的最初几稿。因为他们的耐心、慷慨和好脾气，撰写本书的过程成了我一生中最快乐的学习经历。要从几十个令人叹服、前景颇佳的例子中挑出几个是一项十分艰难的决定。这个决定，以及一切不及改正的错误和疏漏，当然都算在我处。

我应该感谢那些在搜集资料和写作过程中指教过我的人：感谢安杰拉·贝尔彻和她的学生，特别是艾伦·兰西尔；感谢彼得·阿格雷，他向我分享了他一步一步发现水通道蛋白的那些感人又好笑的"奇遇"故事；感谢水通道蛋白A/S的克劳斯·海利克斯－尼尔森和彼得·霍尔默·延森；感谢桑吉塔·巴蒂亚和她的学生，特别是埃斯特尔·权（Ester Kwon）、贾迪普·杜达尼（Jaideep Dudani）和塔雷克·费德尔（Tarek Fadel）；感谢约翰·多诺霍，几十年来他一直是一位优秀的同事，还有他的合作者利·霍赫贝格；感谢休·赫尔和吉姆·尤因，他们是真正的先驱者，将个人的困难转化成新技术，改善了其他人的生活；感谢奥索公司亲和的领导团队，希尔杜·埃纳斯都特尔、贡纳·埃里克森（Gunnar Eiríksson）、金·德罗伊、戴维·朗格卢瓦（David Langlois）、芒努斯·奥德森，以及带我参观公司的克里斯廷·英古尔夫都特尔（Kristín Ingólfsdóttir）；感谢丹福斯植物科学中心的主人们，尤其是伊丽莎白·凯洛格，她是一位颇具洞见的向导和老师，还有吉姆·卡林顿、贝姬·巴特、明迪·达内尔（Mindy Darnell）、诺厄·法尔格伦（Noah Fahlgren）和奈杰尔·泰勒，他们都读了我的初稿。另外，我还要感谢苏珊·朗德尔·辛格（Susan Rundell Singer），是她建议我将高通量表型分析列为农业一章的关键技术，她总能给出好主意，并对那一章进行了仔细的审读。感谢德博拉·菲茨杰拉德（Deborah Fitzgerald）从历史发展的视角介绍了农业的进步。感谢芭芭拉·沙尔（Barbara Schaal）向我介绍了丹福斯植物科学中心，并慷慨地分享了她在许多问题上的智慧见解。本书前言和第七章两章关于历史和政策的反思得益于多位谈话对象，包括威廉·邦维利安、马克·卡斯特纳（Marc Kastner）、莱斯莉·米勒-尼科尔森（Lesley Millar-Nicholson）、比尔·奥莱特（Bill Aulet）、爱德·罗伯茨（Ed Roberts）、阿伦·奥本海姆（Alan Openheim），以及MIT的档案管理员汤姆·罗斯科（Tom Rosko）、迈尔斯·克罗利（Myles Crowley）和诺拉·墨菲（Nora Murphy）。杰里·马兰德拉（Geri Malandra）、鲍勃·米勒德（Bob Millard）和莉萨·施瓦茨（Lisa Schwarz）阅读了本书的最初几个版本，并就如何让这些素材变得更易理解提出了极有帮助的建议。以上各位和其他许多人都成了我心中的英雄，他们也都成了我的朋友，这是意料之外的有趣收获。

这是我第一本写给大众的书，我自己也在其写作过程中学到了很多。我和托比·莱斯特（Toby Lester）一起，从最初立项开始一章章地写完，他在这个过程中一直在鼓励我。托比懂得如何将呆板的对事实的陈述变成一个引人入胜的故事，是一位能给人启迪的写作搭档。我的出版代理雷夫·萨加林（Rafe Sagalyn，任职于ICM）向我介绍了书籍出版的幕后世界，还有依然广大的读者群体，在我将想法写作成书的过程中，他始终给我以指引。这本书能一周一周地有序推进，极大受惠于我的研究助理及思想伙伴娜比哈·萨克拉严（Nabiha Saklayen）的智慧、精力和热情。埃琳·达尔斯特伦（Erin Dahlstrom）细致地制作了索引，进行事实核查，这使得这些要求苛刻的事实细节读起来也充满乐趣。somersault18:24网站的卢克·考克斯（Luk Cox）和艾多亚·拉霍提加（Idoya Lahortiga）创作的插图出色地捕捉到了复杂概念的本质。感谢我在诺顿出版公司（Norton）的编辑杜琼（Quynh Do）和约翰·格鲁斯曼（John Glusman），他们自始至终提供着专业的指导并给予我鼓励。

我对诸多友人和同行的感激无以言表，当我告诉他们我在写的书时，他们无论真心还是客套，都对我表示了鼓励，并说："我很想读一下这本书！"

到最后，写书成了我在这些年里全情投入的一项活动。然而，写作虽然自有其要求与预期，但这毕竟是在更为广阔的生活语境下开展的活动。没有我最亲密的同事提供的大力支持，这本书不可能完成。我至为感谢莱斯莉·普赖斯（Leslie Price），我那位时刻有所准备的助理。多年来，她始终能将一大团头绪纷杂的请求和任务归置有序。我要感谢那许多位善良的同事和朋友，我拒绝了他们的许多邀请，每次都拿书没写完做借口。

　　还有最重要的人，我的丈夫汤姆，我的女儿伊丽莎白，他们是我的指路星、我一生的挚爱。他们同我一起思考，一起阅读，并始终以他们的智慧、洞见和爱陪伴着我。

注 释

前言

1 P. Sharp, T. Jacks, and S. Hockfield, "Capitalizing on Convergence for Health Care," *Science* 352, no. 6293 (2016): 1522-23, http://doi.org/10.1126/ science.aag2350; Phillip Sharp and Susan Hockfield, "Convergence: The Future of Health," *Science* 355, no. 6325 (2017): 589, http://doi.org/10.1126/ science.aam8563.

2 United Nations Department of Economic and Social Affairs Population Division, "World Urbanization Prospects: The 2018 Revision," 2018, http:// population.un.org/wup/DataQuery.

3 Chunwu Zhu et al., "Carbon Dioxide (CO_2) Levels This Century Will Alter the Protein, Micronutrients, and Vitamin Content of Rice Grains with Potential Health Consequences for the Poorest Rice-Dependent Countries," *Science Advances* 4, no. 5 (2018): 1-8, http://doi.org/10.1126/sciadv.aaq1012.

4 John A. Church and Neil J. White, "A 20th Century Acceleration in Global Sea-Level Rise," *Geophysical Research Letters* 33, no. 1 (2006): 94-97, http:// doi.org/10 .1029/2005GL024826; Benjamin D. Santer et al., "Tropospheric Warming over the Past Two Decades," *Scientific Reports* 7, no. 1 (2017): 3-8, http://doi.org/10.1038/s41598-017-02520-7.

5 Thomas Robert Malthus, "An Essay on the Principle of Population as It Affects the Future Improvement of Society," 1798.

6 UK Census Online Project. Last modified May 29, 2015, http://www. freecen.org.uk.

7 Mark Overton, Agricultural Revolution in England: The Transformation of the Agrarian Economy (Cambridge: Cambridge University Press, 1996); Robert C. Allen, "Tracking the Agricultural Revolution in England," *Economic History Review* 52, no. 2 (1999): 209-35, http://doi. org/10.1111/14680289.00123.

8 Susan Hockfield, "The Next Innovation Revolution," *Science* 323, no. 5918 (2009): 1147, http://doi.org/10.1126/science.1170834; Susan Hockfield, "A New Century's New Technologies," *Project Syndicate* (2015), http://www. project-syndicate.org/commentary/engineering-biotech-innovations-by-susan-hockfield-2015-01.

第一章　未来从何而来？

1 Marcella Bombardieri and Jenna Russell, "Female Leadership Signals Shift at MIT," *Boston Globe*, August 27, 2004; Arthur Jones, "Susan Hockfield Elected MIT's 16th President," *TechTalk* 49, no. 1 (2004); Katie Zezima, "M.I.T. Makes Yale Provost First Woman to Be Its Chief," *New York Times*, August 27, 2004, http://doi.org/10.13140/2.1.3945.0402.

2 Thomas Magnanti, in discussion with the author, fall 2004.

3 H. F. Judson, The Eighth Day of Creation: The Makers of the Revolution in Biology (Plainview, NY: CSHL Press, 1996).

4 Rosalind E. Franklin and R. G. Gosling, "Evidence for 2-Chain Helix in Crystalline Structure of Sodium Deoxyribonucleate," *Nature* 172, no. 4369 (1953): 156-57; Rosalind E. Franklin and R. G. Gosling, "Molecular Configuration in Sodium Thymonucleate," *Nature* 171, no. 4356 (1953): 740-41; J. D. Watson and F. H. Crick, "Molecular Structure of Nucleic Acids: A Structure for Deoxyribose Nucleic Acid," *Nature* 171, no. 4356 (1953): 737-38; M.H.F. Wilkins, "Molecular Configuration of Nucleic Acids," *Science* 140, no. 3570 (1963): 941-50.

5 E.S. Lander et al., "Initial Sequencing and Analysis of the Human Genome," *Nature* 409, no. 6822 (2001): 860-921, http://doi.org/10.1038/35057062; J. C. Venter et al., "The Sequence of the Human Genome," *Science* 291, no. 5507 (2001): 1304-51, http://doi.org/10.1126/science.1058040.

6 Cold Spring Harbor Symposia on Quantitative Biology, Molecular Neurobiology, XLVIII, C. S. H. Laboratory, 1983.

7 Joseph John Thomson, "XL. Cathode Rays," *The London, Edinburgh, and Dublin Philosophical Magazine and Journal of Science* 44, no. 269 (1897): 293-316, http://doi.org/10.1080/14786449708621070.

8 Ernest Rutherford, "LXXIX. The Scattering of α and β Particles by Matter and the Structure of the Atom," *Philosophical Magazine Series* 6, 21, no. 125 (1911): 669-88, http://doi.org/10.1080/14786440508637080; Otto Glasser, "W. C. Roentgen and the Discovery of the Roentgen Rays," *American Journal of Roentgenology* 165 (1995): 1033-40; R. F. Mould, "Marie and Pierre Curie and Radium: History, Mystery, and Discovery," *Medical Physics* 26, no. 9 (1999): 1766-72, http://doi.org/10.1118/1.598680.

9 National Academy of Sciences, Office of the Home Secretary, *Biographical*

Memoirs, vol. 61 (Washington, DC: National Academy Press, 1992).

10 National Academy of Sciences, Office of the Home Secretary, *Biographical Memoirs*, vol. 61 (Washington, DC: National Academy Press, 1992).

11 T. A. Saad, "The Story of the M.I.T. Radiation Laboratory," IEEE Aerospace and Electronic Systems Magazine (October 1990): 46-51.

12 S. James Adelstein, "Robley Evans and What Physics Can Do for Medicine," *Cancer Biotherapy and Radiopharmaceuticals* 16, no.3 (2001): 179-85, http://doi.org/10.1089/10849780152389375.

13 Angela N. H. Creager, "Phosphorus-32 in the Phage Group: Radioisotopes as Historical Tracers of Molecular Biology," *Studies in History and Philosophy of Biological and Biomedical Sciences* 40, no. 1 (2009): 29-42, http://doi.org/10.1016/j.shpsc.2008.12.005.Phosphorus-32.

14 S. Hertz, A. Roberts, and R. D. Evans, "Radioactive Iodine as an Indicator in the Study of Thyroid Physiology," *Proceedings of the Society for Experimental Biology and Medicine* 38 (1938): 510-13; S. Hertz and A. Roberts, "Radioactive Iodine in the Study of Thyroid Physiology: VII. The Use of Radioactive Iodine Therapy in Hyperthyroidism," *Journal of the American Medical Association* 131, no. 2 (1946): 81-86; Derek Bagley, "January 2016: Thyroid Month: The Saga of Radioiodine Therapy," *Endocrine News* (January 2016); Frederic H. Fahey, Frederick D. Grant, and James H. Thrall, "Saul Hertz, MD, and the Birth of Radionuclide Therapy," *EJNMMI Physics* 4, no. 1 (2017), http://doi.org/10.1186/s40658-0170182-7.

15 *MIT Reports to the President* 73, no. 1 (1937): 19-113; Karl T. Compton and John W. M. Bunker, "The Genesis of a Curriculum in Biological

Engineering," *Scientific Monthly* 48, no. 1 (1939): 5-15.

16　*MIT Reports to the President* 80, no. 1 (1944): 8.

17　National Academy of Sciences, Office of the Home Secretary, *Biographical Memoirs*, vol. 61 (Washington, DC: National Academy Press, 1992).

18　Janelle R. Thompson et al., "Genotypic Diversity within a Natural Coastal Bacterioplankton Population," *Science* 307, no. 5713 (2005): 1311-13, http://doi.org/10.1126/science.1106028; Dikla Man-Aharonovich et al., "Diversity of Active Marine Picoeukaryotes in the Eastern Mediterranean Sea Unveiled Using Photosystem-II psbA Transcripts," *ISME Journal* 4, no. 8 (2010): 1044-52, http://doi.org/10.1038/ismej.2010.25.

19　Kristala Jones Prather et al., "Industrial Scale Production of Plasmid DNA for Vaccine and Gene Therapy: Plasmid Design, Production, and Purification," *Enzyme and Microbial Technology* 33, no. 7 (2003): 865-83, http://doi.org/10 .1016/S0141-0229(03)00205-9; Kristala L. Jones Prather and Collin H. Martin, "De Novo Biosynthetic Pathways: Rational Design of Microbial Chemical Factories," *Current Opinion in Biotechnology* 19, no. 5 (2008): 468-74, http://doi.org/10.1016/j.copbio.2008.07.009; Micah J. Sheppard, Aditya M. Kunjapur, and Kristala L. J. Prather, "Modular and Selective Biosynthesis of Gasoline-Range Alkanes," *Metabolic Engineering* 33 (2016): 28-40, http://doi.org/10.1016/j.ymben.2015.10.010.

20　Thomas P. Burg et al., "Weighing of Biomolecules, Single Cells and Single Nanoparticles in Fluid," *Nature* 446, no. 7139 (2007): 1066-69, http://doi.org/10.1038/nature05741; Nathan Cermak et al., "High-Throughput Measurement of Single-Cell Growth Rates Using Serial Microfluidic Mass Sensor Arrays," *Nature Biotechnology* 34, no. 10 (2016): 1052-59, http://

doi.org/10.1038/nbt.3666; Arif E. Cetin et al., "Determining Therapeutic Susceptibility in Multiple Myeloma by Single-Cell Mass Accumulation," *Nature Communications* 8, no. 1 (2017), http://doi.org/10.1038/s41467-017-01593-2.

21 Hannah Seligson, "Hatching Ideas, and Companies, by the Dozens at M.I.T.," *New York Times*, November 24, 2012, http://www.nytimes.com/2012/11/25/business/mit-lab-hatches-ideas-and-companies-by-the-dozens.html; Joel Brown, "MIT Scientist Robert Langer Talks about the Future of Research," *Boston Globe*, May 8, 2015, http://www.bostonglobe.com/magazine/2015/05/08/mit-scientist-robert-langer-talks-about-future-research/I0ggn93cxapR8omjcrM1hI/story.html.

第二章　生物学能做出更好的电池吗？

1 Sandra R. Whaley et al., "Selection of Peptides with Semiconductor Binding Specificity for Directed Nanocrystal Assembly," *Nature* 405, no. 6787 (2000): 665-68, http://doi.org/10.1038/35015043.

2 "Innovators Under 35 2002: Angela Belcher," *MIT Technology Review*, 2002, http://www2.technologyreview.com/tr35/profile.aspx?trid=229.

3 "MacArthur Fellows Program: Angela Belcher," 2004, http://www.macfound.org/fellows/727/.

4 J. R. Minkel, "Scientific American 50: Research Leader of the Year," *Scientific American, November* 12, 2006, http://www.scientificamerican.com/article/scientific-american-50-re/.

5 A. M. Belcher et al., "Control of Crystal Phase Switching and Orientation by Soluble Mollusc-Shell Proteins," *Nature* 381, no. 56-58 (May 1996), http://

doi.org/10.1038/381056a0.

6 Bettye L. Smith et al., "Molecular Mechanistic Origin of the Toughness of Natural Adhesives, Fibers and Composites," *Nature* 399, no. 6738 (1999): 761-63, http://doi.org/10.1038/21607.

7 Stanislas Von Euw et al., "Biological Control of Aragonite Formation in Stony Corals," *Science* 356, no. 6341 (2017): 933-38, http://doi.org/10.1126/science.aam6371.

8 F. Berna et al., "Microstratigraphic Evidence of in Situ Fire in the Acheulean Strata of Wonderwerk Cave, Northern Cape Province, South Africa," *Proceedings of the National Academy of Sciences* 109, no. 20 (2012): 1215-20, http://doi.org/10.1073/pnas.1117620109.

9 W. Roebroeks and P. Villa, "On the Earliest Evidence for Habitual Use of Fire in Europe," *Proceedings of the National Academy of Sciences* 108, no. 13 (2011): 5209-14, http://doi.org/10.1073/pnas.1018116108.

10 Peter J. Heyes et al., "Selection and Use of Manganese Dioxide by Neanderthals," *Scientific Reports* 6 (2016), http://doi.org/10.1038/srep22159.

11 Albert Einstein, "Über Einen Die Erzeugung Und Verwandlung Des Lichtes Betreffenden Heuristischen Gesichtspunkt," *Annalen der Physik (Leipzig)* 1905, http://doi.org/10.1002/pmic.201000799; A. B. Arons and M. B. Peppard, "Einstein's Proposal of the Photon Concept—A Translation of the Annalen der Physik Paper of 1905," *American Journal of Physics* 33, no. 5 (1964): 367-74.

12 Energy Information Administration Office of Energy Markets and End Use, *Annual Energy Review 2006*, 2007, http://doi.org/DOE/EIA-0384(2006).

13 U.S. Energy Information Administration, "U.S. Energy Facts Explained." Last modified May 19, 2017, http://www.eia.gov/energyexplained/?page=us_energy_home.

14 J. R. Petit et al., "Climate and Atmospheric History of the Past 420,000 Years from the Vostok Ice Core, Antartica," *Nature* 399, no. 6735 (1999): 429-36, https://doi.org/10.1038/20859; NASA Global Climate Change: Vital Signs of the Planet, "Graphic: The Relentless Rise of Carbon Dioxide." Last modified November 15, 2018, https://climate.nasa.gov/climate_resources/24/graphic-the-relentless-rise-of-carbon-dioxide/.

15 Jeffrey S. Dukes, "Burning Buried Sunshine: Human Consumption of Ancient Solar Energy," *Climatic Change* 61, no. 1-2 (2003): 31-44, http://doi.org/10.1023/A:1026391317686.

16 D. Larcher and J. M. Tarascon, "Towards Greener and More Sustainable Batteries for Electrical Energy Storage," *Nature Chemistry* 7, no. 1 (2015): 19-29, http://doi.org/10.1038/nchem.2085.

17 United Nations Department of Economic and Social Affairs Population Division, "World Urbanization Prospects: The 2018 Revision," 2018, http://population.un.org/wup/DataQuery.

18 The World Bank Group, "Electric Power Consumption (kWh per capita)." Last modified 2014, http://data.worldbank.org/indicator/EG.USE.ELEC.KH.PC?locations=US.

19 The World Bank Group, "Electric Power Consumption (kWh per capita)." Last modified 2014, http://data.worldbank.org/indicator/EG.USE.ELEC.KH.PC?locations=IN-PK-BD-LK-NP-AF.

20 William A. Braff, Joshua M. Mueller, and Jessika E. Trancik, "Value of Storage Technologies for Wind and Solar Energy," *Nature Climate Change* 6, no. 10 (2016): 964-69, http://doi.org/10.1038/nclimate3045.

21 P. A. Abetti, "The Letters of Alessandro Volta," *Electrical Engineering* 71, no. 9 (1952): 773-76, http://doi.org/10.1109/EE.1952.6437680.

22 P. Kurzweil, "Gaston Planté and His Invention of the Lead-Acid Battery—The Genesis of the First Practical Rechargeable Battery," *Journal of Power Sources* 195, no.14 (2010): 4424-34, http://doi.org/10.1016/j.jpowsour.2009.12.126.

23 Bruno Scrosati and Jürgen Garche, "Lithium Batteries: Status, Prospects and Future," *Journal of Power Sources* 195, no. 9 (2010): 2419-30, http://doi.org/10.1016/j.jpowsour.2009.11.048; Akira Yoshino, "The Birth of the Lithium-Ion Battery," *Angewandte Chemie—International Edition* 51, no. 24 (2012): 5798-5800, http://doi.org/10.1002/anie.201105006.

24 Antti Väyrynen and Justin Salminen, "Lithium-Ion Battery Production," *Journal of Chemical Thermodynamics* 46 (2012): 80-85, http://doi.org/10.1016/j.jct.2011.09.005.

25 Mia Romare and Lisbeth Dahllöf, "The Life Cycle Energy Consumption and Greenhouse Gas Emissions from Lithium-Ion Batteries and Batteries for Light-Duty Vehicles," IVL Swedish Environmental Research Institute Report C 243, 2017.

26 United States Environmental Protection Agency, "Greenhouse Gas Equivalencies Calculator." Last modified September 2017, http://www.epa.gov/energy/greenhousegas-equivalencies-calculator.

27 Tesla, "Model S: The Best Car." Last modified 2018, http://www.tesla.com/models.

28 Sung Yoon Chung, Jason T. Bloking, and Yet Ming Chiang, "Electronically Conductive Phospho-Olivines as Lithium Storage Electrodes," *Nature Materials* 1, no. 2 (2002): 123-28, http://doi.org/10.1038/nmat732; Won Hee Ryu et al., "Heme Biomolecule as Redox Mediator and Oxygen Shuttle for Efficient Charging of Lithium-Oxygen Batteries," *Nature Communications* 7 (2016), http://doi.org/10.1038/ncomms12925.

29 Nian Liu et al., "A Pomegranate-Inspired Nanoscale Design for Large-Volume-Change Lithium Battery Anodes," *Nature Nanotechnology* 9, no. 3 (2014): 187-92, http://doi .org/10.1038/nnano.2014.6; Haotian Wang et al., "Direct and Continuous Strain Control of Catalysts with Tunable Battery Electrode Materials," *Science* 354, no. 6315 (2016): 1031-36.

30 Dongliang Chao et al., "Array of Nanosheets Render Ultrafast and High-Capacity Na-Ion Storage by Tunable Pseudocapacitance," *Nature Communications* 7 (2016): 1-8, http://doi.org/10.1038/ncomms12122.

31 Nancy Trun and Janine Trempy, "Chapter 7: Bacteriophage," in *Fundamental Bacterial Genetics* (Hoboken, NJ: Wiley-Blackwell, 2003), 105-25, http://www.blackwellpublishing.com/trun/pdfs/Chapter7.pdf.

32 Julien Thézé et al., "Paleozoic Origin of Insect Large dsDNA Viruses," *Proceedings of the National Academy of Sciences* 108, no. 38 (2011): 15931-35, https://doi.org/10.1073/pnas.1105580108.

33 J. D. Watson and F. H. Crick, "Molecular Structure of Nucleic Acids: A Structure for Deoxyribose Nucleic Acid," *Nature* 171, no. 4356 (1953): 737-38; H. F. Judson, *The Eighth Day of Creation: The Makers of the Revolution*

in Biology (Plainview, NY: CSHL Press, 1996).

34　A. D. Hershey and Martha Chase, "Independent Functions of Viral Protein and Nucleic Acid in Growth of Bacteriophage," *Journal of General Physiology* 36 (1952): 39-56; Angela N. H. Creager, "Phosphorus-32 in the Phage Group: Radioisotopes as Historical Tracers of Molecular Biology," *Studies in History and Philosophy of Biological and Biomedical Sciences* 40, no. 1 (2009): 29-42, http://doi.org/10.1016/j.shpsc.2008.12.005. Phosphorus-32.

35　Ki Tae Nam et al., "Genetically Driven Assembly of Nanorings Based on the M13 Virus," *Nano Letters* 4, no. 1 (2004): 23-27; Yu Huang et al., "Programmable Assembly of Nanoarchitectures Using Genetically Engineered Viruses," *Nano Letters* 5, no. 7 (2005): 1429-34, http://doi.org/10.1021/nl050795d; K. T. Nam et al., "Stamped Microbattery Electrodes Based on Self-Assembled M13 Viruses," *Proceedings of the National Academy of Sciences* 105, no. 45 (2008): 17227-31, http://doi.org/10.1073/pnas.0711620105; Dahyun Oh et al., "M13 Virus-Directed Synthesis of Nanostructured Metal Oxides for Lithium-Oxygen Batteries," *Nano Letters* 14, no. 8 (2014): 4837-45, http://doi.org/10.1021/nl502078m; Maryam Moradi et al., "Improving the Capacity of Sodium-Ion Battery Using a Virus-Templated Nanostructured Composite Cathode," *Nano Letters* 15, no. 5 (2015): 2917-21, http://doi.org/10.1021/nl504676v.

36　Ki Tae Nam et al., "Virus-Enabled Synthesis and Assembly of Nanowires for Lithium-Ion Battery Electrodes," *Science* 312, no. 5775 (2006): 885-88, http://doi.org/10.1126/science.1122716; Yun Jung Lee et al., "Biologically Activated Noble Metal Alloys at the Nanoscale: For Lithium Ion Battery Anodes," *Nano Letters* 10, no. 7 (2010): 2433-40, http://doi.org/10.1021/nl1005993.

37 Yun Jung Lee et al., "Fabricating Genetically Engineered High-Power Lithium-Ion Batteries Using Multiple Virus Genes," *Science* 324, no. 5930 (2009): 1051-55, http://doi.org/10.1126/science.1171541; Dahyun Oh et al., "Biologically Enhanced Cathode Design for Improved Capacity and Cycle Life for Lithium-Oxygen Batteries," *Nature Communications* 4 (May 2013): 1-8, http://doi.org/10.1038/ncomms3756.

38 David Chandler and Greg Frost, "Hockfield, Obama Urge Major Push in Clean Energy Research Funding," *MIT Tech Talk* 53, no. 20 (2009): 1-8.

39 J. B. Dunn et al., "Material and Energy Flows in the Materials Production, Assembly, and End-of-Life Stages of the Automotive Lithium-Ion Battery Life Cycle," *Argonne National Laboratory Energy Systems Division* (2012), http://doi.org/10.1017/CBO9781107415324.004.

40 Mia Romare and Lisbeth Dahllöf, "The Life Cycle Energy Consumption and Greenhouse Gas Emissions from Lithium-Ion Batteries and Batteries for Light-Duty Vehicles," IVL Swedish Environmental Research Institute Report C 243, 2017.

41 Energy Information Administration Office of Energy Markets and End Use, *Annual Energy Review 2006* (2007), http://doi.org/DOE/EIA-0384(2006).

第三章 水，到处是水

1 Peter Agre, "The Aquaporin Water Channels," *Proceedings of the American Thoracic Society* 3 (2006): 5-13, http://doi.org/10.1513/pats.200510-109JH.

2 P. Agre and J. P. Cartron, "Molecular Biology of the Rh Antigens," *Blood* 78, no. 3 (1991): 551-63; Neil D. Avent and Marion E. Reid, "The Rh Blood Group System: A Review," *Blood* 95, no. 2 (2000): 375-87.

3 Peter Agre et al., "Purification and Partial Characterization of the Mr 30,000 Integral Membrane Protein Associated with the Erythrocyte Rh(D) Antigen," *Journal of Biological Chemistry* 262, no. 36 (1987): 17497-503; A. M. Saboori, B. L. Smith, and P. Agre, "Polymorphism in the Mr 32,000 Rh Protein Purified from Rh(D)-Positive and -Negative Erythrocytes," *Proceedings of the National Academy of Sciences of the United States of America* 85, no.11 (1988): 4042-45, http://doi.org/10.1073/pnas.85.11.4042.

4 Peter Agre, "Aquaporin Water Channels: Nobel Lecture," 2003.

5 H. H. Mitchell et al., "The Chemical Composition of the Adult Human Body and Its Bearing on the Biochemistry of Growth," *Journal of Biological Chemistry* 158 (1945): 625-37; ZiMian Wang et al., "Hydration of Fat-Free Body Mass: Review and Critique of a Classic Body-Composition Constant," *American Journal of Clinical Nutrition* 69 (1999): 833-841.

6 USGS Water Science School, "How Much Water Is There on, in, and above the Earth?" Last modified December 2, 2016, http://water.usgs.gov/edu/earthhowmuch.html.

7 USGS Water Science School, "The World's Water." Last modified December 2, 2016, http://water.usgs.gov/edu/earthwherewater.html.

8 WWAP (United Nations World Water Assessment Programme), *The United Nations World Water Development Report 2015: Water for a Sustainable World* (Paris: UNESCO, 2015).

9 Quirin Schiermeier, "Water: Purification with a Pinch of Salt," *Nature* 452, no. 7185 (2008): 260-61, http://doi.org/10.1038/452260a; Peter Gleick, "Why Don't We Get Our Drinking Water from the Ocean by Taking the Salt out of Seawater?," *Scientific American* Special Report: Confronting a World

Freshwater Crisis (July 23, 2008); Ben Corry, "Designing Carbon Nanotube Membranes for Efficient Water Desalination," *Journal of Physical Chemistry B* 112, no. 5 (2008): 1427-34, http://doi.org/10.1021/jp709845u.

10 George E. Symons, "Water Treatment through the Ages," *American Water Works Association* 98, no. 3 (2006): 87-97; Manish Kumar, Tyler Culp, and Yuexiao Shen, "Water Desalination: History, Advances, and Challenges," *The Bridge: Linking Engineering and Society* 46, no. 4 (2016): 21-29, http://doi. org/10.17226/24906.

11 Aristotle, *Meteorology*, trans. E. W. Webster. 350 BCE. Available at http://classics.mit.edu/Aristotle/meteorology.1.i.html.

12 James E. Miller, "Review of Water Resources and Desalination Technologies," *SAND Report* (2003): 1-54, http://doi.org/SAND 20030800; T. M. Mayer, P. V. Brady, and R. T. Cygan, "Nanotechnology Applications to Desalination: A Report for the Joint Water Reuse and Desalination Task Force," *Sandia Report* (2011): 1-34; Muhammad Wakil Shahzad et al., "Energy-Water-Environment Nexus Underpinning Future Desalination Sustainability," *Desalination* 413 (2017): 52-64, http://doi.org/10.1016/ j.desal.2017.03.009.

13 Gregory M. Preston et al., "Appearance of Water Channels in Xenopus Oocytes Expressing Red Cell CHIP28 Protein," *Science* 256 (1992): 385-87, http://science.sciencemag.org/content/256/5055/385.

14 B. M. Denker et al., "Identification, Purification, and Partial Characterization of a Novel Mr 28,000 Integral Membrane Protein from Erythrocytes and Renal Tubules," *Journal of Biological Chemistry* 263, no. 30 (1988): 15634-42; M. P. De Vetten and P. Agre, "The Rh Polypeptide Is a Major Fatty Acid-Acylated Erythrocyte Membrane Protein," *Journal of*

Biological Chemistry 263, no. 34 (1988): 18193-96.

15 Peter Agre, "Peter Agre—Biographical," in *Les Prix Nobel*, ed. Tore Frangsmyr (Stockholm: Nobel Foundation, 2004), http://www.nobelprize.org/nobel_prizes/chemistry/laureates/2003/agre-bio.html.

16 Eva Bianconi et al., "An Estimation of the Number of Cells in the Human Body," *Annals of Human Biology* 40, no. 6 (2013): 463-71, http://doi.org/10.3109/03014460.2013.807878.

17 Mario Parisi et al., "From Membrane Pores to Aquaporins: 50 Years Measuring Water Fluxes," *Journal of Biological Physics* 33, no. 5-6 (2007): 331-43, http://doi.org/10.1007/s10867-008-9064-5.

18 Peter Agre et al., "Aquaporin Water Channels—From Atomic Structure to Clinical Medicine," *Journal of Physiology* 542, no. 1 (2002): 3-16, http://doi.org/10.1113/jphysiol.2002.020818.

19 G. Hummer, J. C. Rasaiah, and J. P. Noworyta, "Water Conduction through the Hydrophobic Channel of a Carbon Nanotube," *Nature* 414 (2001): 188-90.

20 G. M. Preston and P. Agre, "Isolation of the cDNA for Erythrocyte Integral Membrane Protein of 28 Kilodaltons: Member of an Ancient Channel Family," *Proceedings of the National Academy of Sciences* 88, no. 24 (1991): 11110-14, http://doi.org/10.1073/pnas.88.24.11110.

21 Gregory M. Preston et al., "Appearance of Water Channels in Xenopus Oocytes Expressing Red Cell CHIP28 Protein," *Science* 256 (1992): 385-87, http://science.sciencemag.org/content/256/5055/385.

22 Peter Agre, Sei Sasaki, and Maarten J. Chrispeels, "Aquaporins: A Family of Water Channel Proteins," *Journal of Physiology* 265, no. 461 (1993): 92093; P. Agre et al., "Aquaporin CHIP: The Archetypal Molecular Water Channel," *American Journal of Physiology* 265 (1993): F463-76, http://doi.org/10.1085/jgp.79.5.791.

23 Peter Agre, Dennis Brown, and Søren Nielsen, "Aquaporin Water Channels: Unanswered Questions and Unresolved Controversies," *Current Opinion in Cell Biology* 7, no. 4 (1995): 472-83, http://doi.org/10.1016/0955-0674(95)80003-4; Mario Borgnia et al., "Cellular and Molecular Biology of the Aquaporin Water Channels," *Annual Review of Biochemistry* 68 (1999): 425-58, http://doi.org/10.1177/154411130301400105.

24 H. Sui et al., "Structural Basis of Water-Specific Transport through the AQP1 Water Channel," *Nature* 414, no. 6866 (2001): 872-78, http://doi.org/10.1038/414872a; Emad Tajkhorshid et al., "Control of the Selectivity of the Aquaporin Water Channel Family by Global Orientational Tuning," *Science* 296, no. 5567 (2002): 525-30, http://doi.org/10.1126/science.1067778; Dax Fu and Min Lu, "The Structural Basis of Water Permeation and Proton Exclusion in Aquaporins," *Molecular Membrane Biology* 24, no. 5-6 (2007): 366-74, http://doi.org/10.1080/09687680701446965.

25 B. Alberts et al., *Molecular Biology of the Cell*, 4th ed. (New York: Garland Science, 2002); The Shape and Structure of Proteins, http://www.ncbi.nlm.nih.gov/books/NBK26830/.

26 K. Murata et al., "Structural Determinants of Water Permeation through Aquaporin-1," *Nature* 407, no. 6804 (2000): 599-605; G. Ren et al., "Visualization of a Water-Selective Pore by Electron Crystallography in Vitreous Ice," *Proceedings of the National Academy of Sciences of the United States of America* 98, no. 4 (2001): 1398-1403, http://doi.org/10.1073/

pnas.98.4.1398; Boaz Ilan et al., "The Mechanism of Proton Exclusion in Aquaporin Channels," *Proteins*: *Structure, Function and Genetics* 55, no. 2 (2004): 223-28, http://doi.org/10.1002/prot.20038.

27　Bert L. De Groot et al., "The Mechanism of Proton Exclusion in the Aquaporin-1 Water Channel," *Journal of Molecular Biology* 333, no. 2 (2003): 279-93, http://doi.org/10.1016/j.jmb.2003.08.003; Fangqiang Zhu, Emad Tajkhorshid, and Klaus Schulten, "Theory and Simulation of Water Permeation in Aquaporin-1," *Biophysical Journal* 86, no. 1 (2004): 50-57, http://doi.org/10.1016/S0006-3495(04)74082-5; Xuesong Li et al., "Nature Gives the Best Solution for Desalination: Aquaporin-Based Hollow Fiber Composite Membrane with Superior Performance," *Journal of Membrane Science* 494 (2015): 68-77, http://doi.org/10.1016/j.memsci.2015.07.040.

28　Tamir Gonen and Thomas Walz, "The Structure of Aquaporins," Quarterly Reviews of Biophysics 39, no. 4 (2006): 361-96, http://doi.org/10.1017/S0033583506004458.

29　D. Fu et al., "Structure of a Glycerol-Conducting Channel and the Basis for Its Selectivity," *Science* 290, no. 5491 (2000): 481-86, http://doi.org/10.1126/science.290.5491.481; B. L. De Groot and H. Grubmüller, "Water Permeation across Biological Membranes: Mechanism and Dynamics of Aquaporin-1 and GlpF," *Science* 294, no. 5550 (2001): 2353-57, http://doi.org/10.1126/science.1062459.

30　Huayu Sun et al., "The Bamboo Aquaporin Gene PeTIP4; 1-1 Confers Drought and Salinity Tolerance in Transgenic Arabidopsis," *Plant Cell Reports* 36, no. 4 (2017): 597-609, http://doi.org/10.1007/s00299-017-2106-3.

31　Landon S. King, David Kozono, and Peter Agre, "From Structure to Disease: The Evolving Tale of Aquaporin Biology," *Nature Reviews Molecular*

Cell Biology 5 (2004): 687-98.

32 United Nations Department of Economic and Social Affairs Population Division, "World Urbanization Prospects: The 2018 Revision," 2018, http:// population.un.org/wup/DataQuery.

33 Hélix-Nielsen, Claus and Peter Holme Jensen in discussion with the author, September 2017.

34 C. Y. Tang et al., "Desalination by Biomimetic Aquaporin Membranes: Review of Status and Prospects," *Desalination* 308 (2013): 34-40, http://doi. org/10.1016/j.desal.2012.07.007; Mariusz Grzelakowski et al., "A Framework for Accurate Evaluation of the Promise of Aquaporin Based Biomimetic Membranes," *Journal of Membrane Science* 479 (2015): 223-31, http://doi. org/10.1016/j.memsci.2015.01.023.

35 M. Dao, C. T. Lim, and S. Suresh, "Mechanics of the Human Red Blood Cell Deformed by Optical Tweezers," *Journal of the Mechanics and Physics of Solids* 51, no. 11-12 (2003): 2259-80, http://doi.org/10.1016/ j.jmps.2003.09.019.

36 United States Mint, "Coin Specifications." Last modified April 5, 2018, http://www.usmint.gov/learn/coin-and-medalprograms/coin-specifications.

37 Arne E. Brändström and Bo R. Lamm, Processes for the preparation of omeprazole and intermediates therefore, issued 1985, http://doi.org/ US005485919A ; Bruce D. Roth, Trans-6-2-(3-OR 4-Carboxamide-substituted pyrrol1-yl)alkyl-4-hydroxypyran-2-one inhibitors of cholesterol synthesis, issued 1987, http://doi.org/10.1016/j.(73); W. Sneader, "The Discovery of Aspirin," *Pharmaceutical Journal* 259, no. 6964 (1997): 614-17, http:// doi.org/10.1136/bmj.321.7276.1591; Kay Brune, B. Renner, and G. Tiegs,

"Acetaminophen/Paracetamol: A History of Errors, Failures and False Decisions," *European Journal of Pain (United Kingdom)* 19, no. 7 (2015): 953-65, http://doi.org/10.1002/ejp.621.

38　D. V. Goeddel et al., "Expression in Escherichia Coli of Chemically Synthesized Genes for Human Insulin," *Proceedings of the National Academy of Sciences of the United States of America* 76, no. 1 (1979): 106-10, http://doi.org/10.1073/pnas.76.1.106; Henrik Dalbøge et al., "A Novel Enzymatic Method for Production of Authentic HGH from an Escherichia Coli Produced HGH-Precursor," *Nature Biotechnology* 5 (1987): 161-64; Mohamed N. Baeshen, "Production of Biopharmaceuticals in *E. Coli*: Current Scenario and Future Perspectives," *Journal of Microbiology and Biotechnology* 25, no. 7 (2014): 1-24, http://doi.org/10.4014/jmb.1405.05052.

39　Giuseppe Calamita et al., "Molecular Cloning and Characterization of AqpZ, a Water Channel from Escherichia Coli," *Journal of Biological Chemistry* 270, no. 49 (1995): 29063-66, http://doi.org/10.1074/jbc.270.49.29063.

40　F. Ulrich Hartl, Andreas Bracher, and Manajit Hayer-Hartl, "Molecular Chaperones in Protein Folding and Proteostasis," *Nature* 475, no. 7356 (2011): 324-32, http://doi.org/10.1038/nature10317.

41　David Shemin and D. Rittenberg, "The Life Span of the Human Red Blood Cell," *Journal of Biological Chemistry* 166 (1946): 627-36.

42　Gerald D. Weinstein and Eugene J. van Scott, "Autoradiographic Analysis of Turnover Times of Normal and Psoriatic Epidermis," *Journal of Investigative Dermatology* 45, no. 4 (1965): 257-62, http://doi.org/10.1038/jid.1965.126.

214

43 H. J. Li et al., "Basic Helix-Loop-Helix Transcription Factors and Enteroendocrine Cell Differentiation," *Diabetes, Obesity and Metabolism* 13, Suppl 1, no. 2 (2011): 5-12, http://doi.org/10.1111/j.1463-1326.2011.01438.x.

44 Xuesong Li et al., "Preparation of High Performance Nanofiltration (NF) Membranes Incorporated with Aquaporin Z," *Journal of Membrane Science* 450 (2014): 181-88, http://doi.org/10.1016/j.memsci.2013.09.007.

45 Saren Qi et al., "Aquaporin-Based Biomimetic Reverse Osmosis Membranes: Stability and Long Term Performance," *Journal of Membrane Science* 508 (2016): 94-103, http://doi.org/10.1016/j.memsci.2016.02.013.

46 Yan Zhao et al., "Synthesis of Robust and High-Performance Aquaporin-Based Biomimetic Membranes by Interfacial Polymerization-Membrane Preparation and RO Performance Characterization," *Journal of Membrane Science* 423-424 (2012): 422-28, http://doi.org/10.1016/j.memsci.2012.08.039; Honglei Wang, Tai Shung Chung, and Yen Wah Tong, "Study on Water Transport through a Mechanically Robust Aquaporin Z Biomimetic Membrane," *Journal of Membrane Science* 445 (2013): 47-52, http://doi.org/10.1016/j.memsci.2013.05.057.

47 Yang Zhao et al., "Effects of Proteoliposome Composition and Draw Solution Types on Separation Performance of Aquaporin-Based Proteoliposomes: Implications for Seawater Desalination Using Aquaporin-Based Biomimetic Membranes," *Environmental Science and Technology* 47, no. 3 (2013): 1496-1503, http://doi.org/10.1021/es304306t.

48 Honglei Wang, Tai Shung Chung, and Yen Wah Tong, "Study on Water Transport through a Mechanically Robust Aquaporin Z Biomimetic Membrane," *Journal of Membrane Science* 445 (2013): 47-52, http://doi.org/10.1016/j.memsci.2013.05.057; Chuyang Tang et al., "Biomimetic

Aquaporin Membranes Coming of Age," *Desalination* 368 (2015): 89-105, http://doi.org/10.1016/j.desal.2015.04.026.

49　Zhaolong Hu, James C. S. Ho, and Madhavan Nallani, "Synthetic (Polymer) Biology (Membrane): Functionalization of Polymer Scaffolds for Membrane Protein," *Current Opinion in Biotechnology* 46 (2017): 51-56, http://doi.org/10.1016/j.copbio.2016.10.012; Marta Espina Palanco et al., "Tuning Biomimetic Membrane Barrier Properties by Hydrocarbon, Cholesterol and Polymeric Additives," *Bioinspiration and Biomimetics* 13, no. 1 (2017): 1-11, http://doi.org/10.1088/1748-3190/aa92be.

50　"Aquaporin Inside Membranes Undergo Second Round of Test in Space," *Membrane Technology* (February 2017): 5-6, http://doi.org/10.1016/ S09582118(17)30032-0; "Aquaporin Inside Membrane Testing in Space (AquaMembrane)," NASA International Space Station Research and Technology. Last modified October 4, 2017, http://www.nasa.gov/mission_ pages/station/research/experiments/2156.html.

51　WWAP (United Nations World Water Assessment Programme), *The United Nations World Water Development Report 2015: Water for a Sustainable World* (Paris: UNESCO, 2015).

第四章　抗击癌症的纳米颗粒

1　National Cancer Institute, "National Cancer Act of 1971." Last modified February 16, 2016, http://www.cancer.gov/about-nci/legislative/history/ national-cancer-act-1971; Eliot Marshall, "Cancer Research and the $90 Billion Metaphor," *Science* 331, no. 6024 (2011): 1540-41, http://doi. org/10.1126/science.331.6024.1540-a.

2　Rebecca L. Siegel, Kimberly D. Miller, and Ahmedin Jemal, "Cancer

Statistics, 2018." *CA: A Cancer Journal for Clinicians* 68, no. 1 (2018): 7-30, http://doi.org/10.3322/caac.21442; National Cancer Institute, "Cancer Statistics." Last modified April 27, 2018, http://www.cancer.gov/about-cancer/understanding/statistics.

3 P. Rous, "A Transmissible Avian Neoplasm. (Sarcoma of the Common Fowl)," *Journal of Experimental Medicine* 12 (1910): 696-705, http://doi.org/10.1084/jem .12.5.696; P. Rous, "A Sarcoma of the Fowl Transmissible by an Agent Separable from the Tumor Cells," *Journal of Experimental Medicine* 13 (1911): 397-411, http://doi.org/10.1097/00000441-191108000-00079; Robin A. Weiss and Peter K. Vogt, "100 Years of Rous Sarcoma Virus," *Journal of Experimental Medicine* 208, no. 12 (2011): 2351-55, http://doi.org/10.1084/jem.20112160.

4 Marco A. Pierotti, Gabriella Sozzi, and Carlo M. Croce, "Discovery and Identification of Oncogenes," in *Holland-Frei Cancer Medicine*, ed. D. W. Kufe, R. E. Pollock, and R. R. Weichselbaum, 6th ed. (Hamilton: BC Decker, 2003); Peter K. Vogt, "Retroviral Oncogenes: A Historical Primer," *Nature Reviews Cancer* 12, no. 9 (2012): 639-48, http://doi.org/10.1038/nrc3320. Retroviral; Klaus Bister, "Discovery of Oncogenes: The Advent of Molecular Cancer Research," *Proceedings of the National Academy of Sciences* 112, no. 50 (2015): 15259-60, http://doi.org/10.1073/pnas.1521145112.

5 Andrew Z. Wang, Robert Langer, and Omid C. Farokhzad, "Nanoparticle Delivery of Cancer Drugs," *Annual Review of Medicine* 63, no. 1 (2012): 185-98, http://doi.org/10.1146/annurev-med-040210-162544.

6 Andreas Hochhaus et al., "Long-Term Outcomes of Imatinib Treatment for Chronic Myeloid Leukemia," *New England Journal of Medicine* 376, no. 10 (2017): 917-27, http://doi.org/10.1056/NEJMoa1609324.

7 World Health Organization, "Cancer Prevention." Last modified 2018, http://www.who.int/cancer/prevention/en/

8 Sidney J. Winawer et al., "Colorectal Cancer Screening: Clinical Guidelines and Rationale: The Adenoma-Carcinoma Sequence," *Gastroenterology* 112 (1997): 594-642, http://doi.org/10.1053/GAST.1997.V112.AGAST970594; M. G. Marmot et al., "The Benefits and Harms of Breast Cancer Screening: An Independent Review," *British Journal of Cancer* 108, no. 11 (2013): 2205-40, http://doi.org/10.1038/bjc.2013.177.

9 A. M. Noone et al., eds., SEER Cancer Statistics Review, 1975-2015, National Cancer Institute. Bethesda, MD, http://seer.cancer.gov/csr/1975_2015/, based on November 2017 SEER data submission, posted to the SEER website, April 2018; "Cancer Stat Facts: Female Breast Cancer," National Cancer Institute Surveillance, Epidemiology, and End Results Program. Last modified 2015, http://seer.cancer.gov/statfacts/html/breast.html.

10 "Cancer Stat Facts: Colorectal Cancer," National Cancer Institute Surveillance, Epidemiology, and End Results Program. Last modified 2015, http://seer.cancer.gov/statfacts/html/colorect.html.

11 John V. Frangioni, "New Technologies for Human Cancer Imaging," *Journal of Clinical Oncology* 26, no. 24 (2008): 4012-21, http://doi.org/10.1200/JCO.2007.14.3065.

12 N. Lynn Henry and Daniel F. Hayes, "Cancer Biomarkers," *Molecular Oncology* 6, no. 2 (2012): 140-46, http://doi.org/10.1016/j.molonc.2012.01.010.

13 Gabriel A. Kwong et al., "Mass-Encoded Synthetic Biomarkers for

Multiplexed Urinary Monitoring of Disease," *Nature Biotechnology* 31, no. 1 (2013): 63-70, http://doi.org/10.1038/nbt.2464.

14 Ester J. Kwon, Jaideep S. Dudani, and Sangeeta N. Bhatia, "Ultrasensitive Tumour-Penetrating Nanosensors of Protease Activity," *Nature Biomedical Engineering* 1, no. 4 (2017), http://doi.org/10.1038/s41551-017-0054.

15 S. N. Bhatia et al., "Selective Adhesion of Hepatocytes on Patterned Surfaces," *Annals of the New York Academy of Sciences* 745 (1994): 187-209, https://www.semanticscholar.org/paper/ Selective-adhesion-of-hepatocytes-on-patterned-Bhatia-Toner/cb15d719d1dfee8e43b439ba91ee03d5 978dd235

16 Austin M. Derfus, Warren C. W. Chan, and Sangeeta N. Bhatia, "Probing the Cytotoxicity of Semiconductor Quantum Dots," *Nano Letters* 4, no. 1 (2004): 11-18, http://doi.org/10.1021/nl0347334.

17 Jörg Kreuter, "Nanoparticles—A Historical Perspective," *International Journal of Pharmaceutics* 331, no. 1 (2007): 1-10, http://doi.org/10.1016/ j.ijpharm.2006.10.021.

18 Saeid Zanganeh et al., "The Evolution of Iron Oxide Nanoparticles for Use in Biomedical MRI Applications," *SM Journal Clinical and Medical Imaging* 2, no. 1 (2016): 1-11.

19 Florian J. Heiligtag and Markus Niederberger, "The Fascinating World of Nanoparticle Research," *Materials Today* 16, no. 7-8 (2013): 262-71, http:// doi.org/10.1016/j.mattod.2013.07.004.

20 Ian Freestone et al., "The Lycurgus Cup—A Roman Nanotechnology," *Gold Bulletin* 40, no. 4 (2007): 270-77.

21 Debasis Bera et al., "Quantum Dots and Their Multimodal Applications: A Review," *Materials* 3, no. 4 (2010): 2260-2345, http://doi.org/10.3390/ma3042260.

22 Jonas Junevi, Juozas Žilinskas, and Darius Gleiznys, "Antimicrobial Activity of Silver and Gold in Toothpastes: A Comparative Analysis," *Stomatologija, Baltic Dental and Maxillofacial Journal* 17, no. 1 (2015): 9-12.

23 Florian J. Heiligtag and Markus Niederberger, "The Fascinating World of Nanoparticle Research," *Materials Today* 16, no. 7-8 (2013): 262-71, http://doi.org/10.1016/j.mattod.2013.07.004.

24 Geoffrey Von Maltzahn et al., "Nanoparticle Self-Assembly Gated by Logical Proteolytic Triggers," *Journal of the American Chemical Society* 129, no. 19 (2007): 6064-65, http://doi.org/10.1021/ja0704611; Ji Ho Park et al., "Magnetic Iron Oxide Nanoworms for Tumor Targeting and Imaging," *Advanced Materials* 20, no. 9 (2008): 1630-35, http://doi.org/10.1002/adma.200800004.

25 M. E. Akerman et al., "Nanocrystal Targeting in Vivo," *Proceedings of the National Academy of Sciences* 99, no. 20 (2002): 12617-21, http://doi.org/10.1073/pnas.152463399; Kazuki N. Sugahara et al., "Co-Administration of a Tumor-Penetrating Peptide Enhances the Efficacy of Cancer Drugs," *Science* 328, no. 5981 (2010): 1031-35, http://doi.org/10.1126/science.1183057; Ester J. Kwon et al., "Porous Silicon Nanoparticle Delivery of Tandem Peptide Anti-Infectives for the Treatment of Pseudomonas Aeruginosa Lung Infections," Advanced Materials 29, no. 35 (2017): 1-9, http://doi.org/10.1002/adma.201701527.

26 Todd J. Harris et al., "Proteolytic Actuation of Nanoparticle Self-Assembly," *Angewandte Chemie—International Edition* 45, no. 19 (2006):

220

3161-65, http://doi.org/10.1002/anie.200600259.

27 Todd J. Harris et al., "Protease-Triggered Unveiling of Bioactive Nanoparticles," *Small* 4, no. 9 (2008): 1307-12, http://doi.org/10.1002/smll.200701319.

28 A. Bairoch, "The ENZYME Database in 2000," *Nucleic Acids Research* 28, no. 1 (2000): 304-5, http://doi.org/10.1093/nar/28.1.304.

29 Arren Bar-Even et al., "The Moderately Efficient Enzyme: Evolutionary and Physicochemical Trends Shaping Enzyme Parameters," *Biochemistry* 50, no. 21 (2011): 4402-10, http://doi.org/10.1021/bi2002289.

30 Dmitri Simberg et al., "Biomimetic Amplification of Nanoparticle Homing to Tumors," *Proceedings of the National Academy of Sciences* 104, no. 3 (2007): 932-36, http://doi.org/10.1073/pnas.0610298104.

31 Todd J. Harris et al., "Tissue-Specific Gene Delivery via Nanoparticle Coating," *Biomaterials* 31, no. 5 (2010): 998-1006, http://doi.org/10.1016/j.biomaterials.2009.10.012.

32 Elvin Blanco, Haifa Shen, and Mauro Ferrari, "Principles of Nanoparticle Design for Overcoming Biological Barriers to Drug Delivery," *Nature Biotechnology* 33, no. 9 (2015): 941-51, http://doi.org/10.1038/nbt.3330.

33 Andrew D. Warren et al., "Disease Detection by Ultrasensitive Quantification of Microdosed Synthetic Urinary Biomarkers," *Journal of the American Chemical Society* 136 (2014): 13709-14, http://doi.org/10.1021/ja505676h; Simone Schuerle et al., "Magnetically Actuated Protease Sensors for in Vivo Tumor Profiling," *Nano Letters* 16, no. 10 (2016): 6303-10, http://doi.org/10.1021/acs.nanolett.6b02670.

34 Jaideep S. Dudani et al., "Classification of Prostate Cancer Using a Protease Activity Nanosensor Library," Proceedings of the National Academy of Sciences 115, no. 36 (2018): 8954-59, http://doi.org/10.1073/pnas.1805337115.

35 Gabriel A. Kwong et al., "Mathematical Framework for Activity-Based Cancer Biomarkers," *Proceedings of the National Academy of Sciences* 112, no. 41 (2015): 12627-32, http://doi.org/10.1073/pnas.1506925112.

36 Sharon S. Hori and Sanjiv S. Gambhir, "Mathematical Model Identifies Blood Biomarker-Based Early Cancer Detection Strategies and Limitations," *Science Translational Medicine* 3, no. 109 (2011), http://doi.org/10.1126/scitranslmed.3003110.Mathematical.

37 A. D. Warren et al., "Point-of-Care Diagnostics for Noncommunicable Diseases Using Synthetic Urinary Biomarkers and Paper Microfluidics," *Proceedings of the National Academy of Sciences* 111, no. 10 (2014): 3671-76, http://doi.org/10.1073/pnas.1314651111.

38 Zhou J. Deng et al., "Layer-by-Layer Nanoparticles for Systemic Codelivery of an Anticancer Drug and SiRNA for Potential Triple-Negative Breast Cancer Treatment," ACS Nano 7, no. 11 (2013): 9571-84, http://doi.org/10.1021/nn4047925; Erkki Ruoslahti, Sangeeta N. Bhatia, and Michael J. Sailor, "Targeting of Drugs and Nanoparticles to Tumors," *Journal of Cell Biology* 188, no. 6 (2010): 759-68, http://doi.org/10.1083/jcb.200910104; Zvi Yaari et al., "Theranostic Barcoded Nanoparticles for Personalized Cancer Medicine," *Nature Communications* 7 (2016), http://doi.org/10.1038/ncomms13325; Rong Tong et al., "Photoswitchable Nanoparticles for Triggered Tissue Penetration and Drug Delivery," *Journal of the American Chemical Society* 134, no. 21 (2012): 8848-55, http://doi.org/10.1021/ja211888a; Dan Peer et al., "Nanocarriers as an Emerging Platform for

Cancer Therapy," *Nature Nanotechnology* 2, no. 12 (2007): 751-60, http://doi.org/10.1038/nnano.2007.387.

39 Melodi Javid Whitley et al., "A Mouse-Human Phase 1 Co-Clinical Trial of a Protease-Activated Fluorescent Probe for Imaging Cancer," *Science Translational Medicine* 8, no. 320 (2016): 4-6, http://doi.org/10.1126/scitranslmed.aad0293.

第五章 给大脑扩容

1 Jim Ewing in discussion with the author, May 2018.

2 Eric Moskowitz, "The Prosthetic of the Future," *Boston Globe*, November 21, 2016, http://www.bostonglobe.com/metro/2016/11/21/the-prostheticfuture/Ld6C2rxZL4uiotc96kNyPO/story.html.

3 Hugh Herr in discussions with the author, 2006-2018.

4 "Motor Neurons," PubMed Health Glossary, http://www.ncbi.nlm.nih.gov/pubmedhealth/PMHT0024358/; Andrew B. Schwartz, "Movement: How the Brain Communicates with the World," *Cell* 164, no. 6 (2016): 1122-35, http://doi.org/10.1016/j.cell.2016.02.038.

5 Hugh M. Herr and Alena M. Grabowski, "Bionic Ankle—Foot Prosthesis Normalizes Walking Gait for Persons with Leg Amputation," *Proceedings of the Royal Society B* 279 (2012): 457-64, http://doi.org/10.1098/rspb.2011.1194.

6 Samuel K. Au, Jeff Weber, and Hugh Herr, "Powered Ankle—Foot Prosthesis Improves Walking Metabolic Economy," *IEEE Transactions on Robotics* 25, no. 1 (2009); Luke M. Mooney, Elliott J. Rouse, and Hugh M.

Herr, "Autonomous Exoskeleton Reduces Metabolic Cost of Human Walking," *Journal of Neuro Engineering and Rehabilitation* 11, no. 1 (2014): 1-5, http://doi.org/10.1186/1743-0003-11-151.

7 Hildur Einarsdottir, Kim De Roy, and Magnus Oddsson in discussion with the author, October 2017.

8 Beata Jarosiewicz et al., "Virtual Typing by People with Tetraplegia Using a Self-Calibrating Intracortical Brain-Computer Interface," *Science Translational Medicine* 7, no. 313 (2015): 1-11; B. Wodlinger et al., "Ten-Dimensional Anthropomorphic Arm Control in a Human Brain-Machine Interface: Difficulties, Solutions, and Limitations," *Journal of Neural Engineering* 12, no. 1 (2015), http://doi.org/10.1088/1741-2560/12/1/016011; S. R. Soekadar et al., "Hybrid EEG/EOG-Based Brain/Neural Hand Exoskeleton Restores Fully Independent Daily Living Activities after Quadriplegia," *Science Robotics* 1 (2016): 1-8.

9 John Donoghue in discussion with the author, September 2017; Jens Clausen et al., "Help, Hope, and Hype: Ethical Dimensions of Neuroprosthetics," *Science* 356, no. 6345 (2017): 1338-39.

10 D. Purves et al., eds., "The Primary Motor Cortex: Upper Motor Neurons That Initiate Complex Voluntary Movements," in *Neuroscience*, 2nd ed. (Sunderland, MA: Sinauer Associates, 2001), http://www.ncbi.nlm.nih.gov/books/NBK10962/.

11 John P. Donoghue and Steven P. Wise, "The Motor Cortex of the Rat: Cytoarchitecture and Microstimulation Mapping," *Journal of Comparative Neurology* 212 (1982): 76-88; Shy Shoham et al., "Statistical Encoding Model for a Primary Motor Cortical Brain-Machine Interface," *IEEE Transactions on Biomedical Engineering* 52, no. 7 (2005): 1312-22; T. Aflalo et al., "Decoding

Motor Imagery from the Posterior Parietal Cortex of a Tetraplegic Human," Science 348, no. 6237 (2015): 906-10, http://doi.org/10.7910/DVN/GJDUTV.

12 Sharlene N. Flesher et al., "Intracortical Microstimulation of Human Somatosensory Cortex," *Science Translational Medicine* 8 (2016): 1-11; Emily L. Graczyk et al., "The Neural Basis of Perceived Intensity in Natural and Artificial Touch," *Science Translational Medicine* 142 (2016): 1-11; Luke E. Osborn et al., "Prosthesis with Neuromorphic Multilayered E-Dermis Perceives Touch and Pain," *Science Robotics* 3 (2018): 1-11, http://doi.org/10.1126/scirobotics.aat3818.

13 John P. Donoghue, "Connecting Cortex to Machines: Recent Advances in Brain Interfaces," *Nature Neuroscience* 5, no. 11 (2002): 1085-88, http://doi.org/10.1038/nn947; Mijail D. Serruya et al., "Instant Neural Control of a Movement Signal," *Nature* 416, no. 6877 (2002): 141-42, http://doi.org/10.1038/416141a; Vicki Brower, "When Mind Meets Machine," EMBO Reports 6, no. 2 (2005): 108-10.

14 Leigh R. Hochberg et al., "Neuronal Ensemble Control of Prosthetic Devices by a Human with Tetraplegia," *Nature* 442 (July 2006), http://doi.org/10.1038/nature04970.

15 Leigh R. Hochberg et al., "Reach and Grasp by People with Tetraplegia Using a Neurally Controlled Robotic Arm," *Nature* 485, no. 7398 (2012: 372-75, http://doi.org/10.1038/nature11076; Andrew Jackson, "Neuroscience: Brain-Controlled Robot Grabs Attention," *Nature* 485, no. 7398 (2012): 317-18, http://doi.org/10.1038/485317a.

16 "Paralyzed Woman Moves Robot with Her Mind," *Nature Video*. Last modified May 16, 2012, http://www.youtube.com/watch?v=ogBX18maUiM.

17　A. Bolu Ajiboye et al., "Restoration of Reaching and Grasping in a Person with Tetraplegia through Brain-Controlled Muscle Stimulation: A Proof-of-Concept Demonstration," *Lancet* 389 (2017): 1821-30, http://doi.org/10.1016/S0140-6736(17)30601-3; Clive Cookson, "Paralysed Man Regains Arm Movement Using Power of Thought," *Financial Times*, March 28, 2017, http://www.ft.com/content/1460d6e6-10c0-11e7-b030-768954394623; "Using Thought to Control Machines: Brain-Computer Interfaces May Change What It Means to Be Human," *The Economist*, January 4, 2018, http://www.economist.com/leaders/2018/01/04/using-thought-to-control-machines.

18　Leigh R. Hochberg et al., "Neuronal Ensemble Control of Prosthetic Devices by a Human with Tetraplegia," *Nature* 442 (July 2006), http://doi.org/10.1038/nature04970.

19　Karl Frank, "Some Approaches to the Technical Problem of Chronic Excitation of Peripheral Nerve" (speech), April 1968, Centennial Celebration of the American Otological Society.

20　Leigh Hochberg in discussion with the author, December 2017; Bob Tedeschi, "When Might Patients Use Their Brains to Restore Movement? 'We All Want the Answer to Be Now,'" *STAT*, June 6, 2017, http://www.statnews.com/2017/06/02/braingate-movement-paralysis/.

21　Chethan Pandarinath et al., "High Performance Communication by People with Paralysis Using an Intracortical Brain-Computer Interface," ELIFE 6 (2017): 1-27, http://doi.org/10.7554/eLife.18554.

22　Lindsay M. Biga et al., eds., "Chapter 11: The Muscular System," in *Anatomy & Physiology* (Open Oregon State: Pressbooks.com, 2018), http://library.open.oregonstate.edu/aandp/chapter/11-1-describe-the-roles-of-agonists-antagonists-and-synergists/; Janne M. Hahne et al., "Simultaneous

Control of Multiple Functions of Bionic Hand Prostheses: Performance and Robustness in End Users," *Science Robotics* 3 (2018): 1-9, http://doi.org/10.1126/scirobotics.aat3630.

23 S. S. Srinivasan et al., "On Prosthetic Control: A Regenerative Agonist-Antagonist Myoneural Interface," *Science Robotics* 2, no. 6 (2017), http://doi.org/10.1126/scirobotics.aan2971.

24 Tyler R. Clites et al., "A Murine Model of a Novel Surgical Architecture for Proprioceptive Muscle Feedback and Its Potential Application to Control of Advanced Limb Prostheses," *Journal of Neural Engineering* 14 (2017).

25 Tyler R. Clites et al., "Proprioception from a Neurally Controlled Lower-Extremity Prosthesis," *Science Translational Medicine* 10, no. 443 (2018), http://doi.org/10.1126/scitranslmed.aap8373; Gideon Gil and Matthew Orr, "Pioneering Surgery Makes a Prosthetic Foot Feel Like the Real Thing," *STAT*, May 30, 2018, http://www.statnews.com/2018/05/30/pioneeringamputation-surgery-prosthetic-foot/.

第六章 喂饱全世界

1 "The Bellwether Foundation Phenotyping Facility," Donald Danforth Plant Science Center, http://www.danforthcenter.org/scientists-research/core-technologies/phenotyping.

2 Mao Li et al., "The Persistent Homology Mathematical Framework Provides Enhanced Genotype-to-Phenotype Associations for Plant Morphology," *Plant Physiology* 177 (2018): 1382-95, http://doi.org/10.1104/pp.18.00104.

3 Robert T. Furbank and Mark Tester, "Phenomics—Technologies to Relieve

the Phenotyping Bottleneck," *Trends in Plant Science* 16, no. 12 (2011): 635-44, http://doi.org/10.1016/j.tplants.2011.09.005; Daniel H. Chitwood and Christopher N. Topp, "Revealing Plant Cryptotypes: Defining Meaningful Phenotypes among Infinite Traits," *Current Opinion in Plant Biology* 24 (2015): 54-60, http://doi.org/10.1016/j.pbi.2015.01.009.

4　Todd P. Michael and Scott Jackson, "The First 50 Plant Genomes," *The Plant Genome* 6, no. 2 (2013): 1-7, http://doi.org/10.3835/plantgenome 2013.03.0001in.

5　United Nations Department of Economic and Social Affairs Population Division, "World Urbanization Prospects: The 2018 Revision," 2018, http://population.un.org/wup/DataQuery.

6　D. Tilman et al., "Global Food Demand and the Sustainable Intensification of Agriculture," *Proceedings of the National Academy of Sciences* 108, no. 50 (2011): 20260-64, http://doi.org/10.1073/pnas.1116437108.

7　M. A. Zeder, "Domestication and Early Agriculture in the Mediterranean Basin: Origins, Diffusion, and Impact," *Proceedings of the National Academy of Sciences* 105, no. 33 (2008): 11597-604, http://doi.org/10.1073/pnas.0801317105; Iosif Lazaridis et al., "Genomic Insights into the Origin of Farming in the Ancient Near East," *Nature* 536, no. 7617 (2016): 419-24, http://doi.org/10.1038/nature19310.

8　Nils Roll-Hansen, "The Holist Tradition in Twentieth-Century Genetics. Wilhelm Johannsen's Genotype Concept," *Journal of Physiology* 592, no. 11 (2014): 2431-38, http://doi.org/10.1113/jphysiol.2014.272120; W. Johannsen, "The Genotype Conception of Heredity," *International Journal of Epidemiology* 43, no. 4 (2014): 989-1000, http://doi.org/10.1093/ije/dyu063.

9 Gregor Mendel, Versuche über Plflanzenhybriden, trans. William Bateson, *Verhandlungen des naturforschenden Vereines in Brünn, Bd. IV für das Jahr 1865*, Abhandlungen (1865): 3-47, http://www.mendelweb.org/Mendel.html; Daniel L. Hartl and Vitezslav Orel, "What Did Gregor Mendel Think He Discovered?" *Genetics* 131 (1992): 245-53, http://doi.org/10.1534/genetics.108.099762.

10 Maclyn McCarty, "Discovering Genes Are Made of DNA," *Nature* 421 (2003): 406.

11 S. Chatterjee, "Michael Faraday: Discovery of Electromagnetic Induction," *Resonance* 7 (March 2002): 35-45, http://doi.org/10.1007/BF02896306.

12 Joseph John Thomson, "XL. Cathode Rays," *The London, Edinburgh, and Dublin Philosophical Magazine and Journal of Science* 44, no. 269 (1897): 293-316, http://doi.org/10.1080/14786449708621070.

13 P. Agre et al., "Aquaporin CHIP: The Archetypal Molecular Water Channel," *American Journal of Physiology* 265 (1993): F463-76, http://doi.org/10.1085/jgp.79.5.791; Mario Parisi et al., "From Membrane Pores to Aquaporins: 50 Years Measuring Water Fluxes," *Journal of Biological Physics* 33, no. 5-6 (2007): 331-43, http://doi.org/10.1007/s10867-008-9064-5.

14 Mauricio De Castro, "Johann Gregor Mendel: Paragon of Experimental Science," *Molecular Genetics and Genomic Medicine* 4, no. 1 (2016): 3-8, http://doi.org/10.1002/mgg3.199.

15 Ralf Dahm, "Friedrich Miescher and the Discovery of DNA," *Developmental Biology* 278, no. 2 (2005): 274-88, http://doi.org/10.1016/j.ydbio.2004.11.028.

16 J. D. Watson and F. H. Crick, "Molecular Structure of Nucleic Acids: A Structure for Deoxyribose Nucleic Acid," *Nature* 171, no. 4356 (1953): 737-38; Francis Crick, "Central Dogma of Molecular Biology," *Nature* 227 (1970): 561-63.

17 R. T. Fraley et al., "Expression of Bacterial Genes in Plant Cells," *Proceedings of the National Academy of Sciences* 80, no. 15 (1983): 4803-7, http://doi.org/10.1073/pnas.80.15.4803; P. Zambryski et al., "Ti Plasmid Vector for the Introduction of DNA into Plant Cells without Alteration of Their Normal Regeneration Capacity," *EMBO Journal* 2, no. 12 (1983): 2143-50, http://doi.org/10.1002/J.1460-2075.1983.TB01715.X.

18 Mark Vaeck et al., "Transgenic Plants Protected from Insect Attack," *Nature* 328, no. 6125 (1988): 33-37, http://doi.org/10.1038/328033a0.

19 Elizabeth Nolan and Paulo Santos, "The Contribution of Genetic Modification to Changes in Corn Yield in the United States," *American Journal of Agricultural Economics* 94, no. 5 (2012): 1171-88, http://doi.org/10.1093/ajae/aas069; Zhi Kang Li and Fan Zhang, "Rice Breeding in the Post-Genomics Era: From Concept to Practice," *Current Opinion in Plant Biology* 16, no. 2 (2013): 261-69, http://doi.org/10.1016/j.pbi.2013.03.008.

20 Andrew Balmford, Rhys Green, and Ben Phalan, "Land for Food & Land for Nature?," *Daedalus* 144, no. 4 (2015): 57-75, http://doi.org/10.1162/DAED_a_00354.

21 Sun Ling Wang et al., "Agricultural Productivity Growth in the United States: Measurement, Trends and Drivers," United States Department of Agriculture Economic Research Service, 2015, http://www.ers.usda.gov/webdocs/publications/45387/53417_err189.pdf?v=42212.

22 United States Department of Agriculture National Agricultural Statistics Service, "Crop Production Historical Track Records (April 2017)," 2017, http://www.nass.usda.gov/Publications/Todays_Reports/reports/croptr17.pdf.

23 United States Department of Agriculture Economic Research Service, "Corn and Other Feedgrains: Background." Last modified May 15, 2018, http://www.ers.usda.gov/topics/crops/corn-and-other-feedgrains/background/.

24 Sean Sanders, ed., "Addressing Malnutrition to Improve Global Health," *Science* 346 (2014), http://doi.org/10.1126/science.346.6214.1247-d; FAO, IFAD, and WFP, *The State of Food Insecurity in the World 2014. Strengthening the enabling environment for food security and nutrition* (Rome: FAO, 2014), http://www.fao.org/3/a-i4030e.pdf.

25 United Nations Information Centre Canberra, "WHO Hunger Statistics," http://un.org.au/2014/05/14/who-hunger-statistics/.

26 Norman E. Borlaug, "The Green Revolution Revisited and the Road Ahead," in *Nobel Prize Symposium*, 2002, http://doi.org/10.1086/451354.

27 G. Bruening and J. M. Lyons, "The Case of the FLAVR SAVR Tomato," *California Agriculture* 54, no. 4 (2000).

28 United States Department of Agriculture Economic Research Service, "Farm Practices & Management: Biotechnology Overview." Last modified January 11, 2018, http://www.ers.usda.gov/topics/farm-practices-management/biotechnology/.

29 "Genetically Engineered Crops: Experiences and Prospects," The National Academies Press, 2016, http://doi.org/10.17226/23395.

30　Ryan K. C. Yuen et al., "Whole Genome Sequencing Resource Identifies 18 New Candidate Genes for Autism Spectrum Disorder," *Nature Neuroscience* 20, no. 4 (2017): 602-11, http://doi.org/10.1038/nn.4524; Stephan Ripke et al., "Biological Insights from 108 Schizophrenia-Associated Genetic Loci," *Nature* 511, no. 7510 (2014): 421-27, http://doi.org/10.1038/nature13595; Aswin Sekar et al., "Schizophrenia Risk from Complex Variation of Complement Component 4," *Nature* 530, no. 7589 (2016): 177-83, http://doi.org/10.1038/nature16549.

31　Mohamed A. Ibrahim et al., "Bacillus Thuringiensis: A Genomics and Proteomics Perspective," Bioengineered Bugs 1, no. 1 (2010): 31-50, http://doi.org/10.4161/bbug.1.1.10519.

32　National Research Council of the National Academies, *Toward Sustainable Agricultural Systems in the* 21st *Century*, 2010, http://www.nap.edu/catalog/12832/toward-sustainable-agricultural-systems-in-the-21st-century.

33　Luca Comai, Louvminia C. Sen, and David M. Stalker, "An Altered AroA Gene Product Confers Resistance to the Herbicide Glyphosate," *Science* 221 (1983): 370-71.

34　Jon Entine and Rebecca Randall, "GMO Sustainability Advantage? Glyphosate Spurs No-Till Farming, Preserving Soil Carbon," *Genetic Literacy Project*, 2017, http://geneticliteracyproject.org/2017/05/05/gmo-sustainability-advantage-glyphosate-sparks-no-till-farming-preserving-soil-carbon/.

35　The National Academies Press, "Genetically Engineered Crops: Experiences and Prospects," 2016, http://doi.org/10.17226/23395.

36 J. Madeleine Nash, "This Rice Could Save a Million Kids a Year," *Time Magazine*, July 31, 2000, 1-7, http://content.time.com/time/magazine/article/0,9171,997586-4,00.html; Ingo Potrykus, "The 'Golden Rice' Tale," *AgBioWorld*, 2011, http://www.agbioworld.org/biotech-info/topics/goldenrice/tale.html.

37 J. H. Humphrey, K. P. West, and A. Sommer, "Vitamin A Deficiency and Attributable Mortality among Under-5-Year-Olds," *Bulletin of the World Health Organization* 70, no. 2 (1992): 225-32, http://www.pubmedcentral.nih.gov/articlerender.fcgi?artid=2393289&tool=pmcentrez&rendertype=abstract.

38 A. Alan Moghissi, Shiqian Pei, and Yinzuo Liu, "Golden Rice: Scientific, Regulatory and Public Information Processes of a Genetically Modified Organism," *Critical Reviews in Biotechnology* 36, no. 3 (2016): 535-41, http://doi.org/10.3109/07388551.2014.993586; Janel M. Albaugh, "Golden Rice: Effectiveness and Safety, A Literature Review," *Honors Research Projects* 382, University of Akron, 2016, http://ideaexchange.uakron.edu/honors_research_projects/382/.

39 Gary Scattergood, "Australia, New Zealand Approve Purchasing of GMO Golden Rice to Tackle Vitamin-A Deficiency in Asia," *Genetic Literacy Project*, 2018, http://geneticliteracyproject.org/2018/01/29/australia-new-zealand-approve-sale-gmo-golden-rice-effort-boost-fight-vitamin-deficiency-asia/.

40 Peggy G. Lemaux, "Genetically Engineered Plants and Foods: A Scientist's Analysis of the Issues (Part I)," *Annual Review of Plant Biology* 59, no. 1 (2008): 771-812, http://doi.org/10.1146/annurev.arplant.58.032806.103840; Wilhelm Klümper and Matin Qaim, "A Meta-Analysis of the Impacts of Genetically Modified Crops," *PLoS ONE* 9, no. 11 (2014), http://doi.org/10.1371/journal.pone.0111629; Mark Lynas, "How

I Got Converted to G.M.O. Food," *New York Times*, April 25, 2015, http://www.nytimes.com/2015/04/25/opinion/sunday/how-i-got-converted-to-gmo-food.html; Mitch Daniels, "Avoiding GMOs Isn't Just Anti-Science. It's Immoral," *Washington Post*, December 27, 2017, http://www.washingtonpost.com/opinions/avoiding-gmos-isnt-just-anti-science-its-immoral/2017/12/27/fc773022-ea83-11e7-b69891d4e35920a3_story.html?noredirect=on&utm_term=.ec447407b07d; Michael Gerson, "Are You Anti-GMO? Then You're Anti-Science, Too," *Washington Post*, May 3, 2018, http://www.washingtonpost.com/opinions/are-you-anti-gmo-then-youre-anti-science-too/2018/05/03/cb42c3ba-4ef4-11e8-af46-b1d6dc0d9bfe_story.html?utm_term=.0bc14d1df5c0.

41 Wangxia Wang, Basia Vinocur, and Arie Altman, "Plant Responses to Drought, Salinity and Extreme Temperatures: Towards Genetic Engineering for Stress Tolerance," *Planta* 218, no. 1 (2003): 1-14, http://doi.org/10.1007/s00425-003-1105-5; Huayu Sun et al., "The Bamboo Aquaporin Gene PeTIP4;1-1 Confers Drought and Salinity Tolerance in Transgenic Arabidopsis," *Plant Cell Reports* 36, no. 4 (2017): 597-609, http://doi.org/10.1007/s00299-017-2106-3; Kathleen Greenham et al., "Temporal Network Analysis Identifies Early Physiological and Transcriptomic Indicators of Mild Drought in Brassica Rapa," *ELife* 6 (2017): 1-26, http://doi.org/10.7554/eLife.29655.

42 Andrade Sanchez, "Field-Based Phenomics for Plant Genetics Research," *Field Crops Research* 133 (2012): 101-12, http://doi.org/10.1080/10643389.2012.728825; J. L. Araus and J. E. Cairns, "Field High-Throughput Phenotyping: The New Crop Breeding Frontier," *Trends in Plant Science* 19, no. 1 (2014): 52-61, http://doi.org/10.1016/j.tplants.2013.09.008; Noah Fahlgren et al., "A Versatile Phenotyping System and Analytics Platform Reveals Diverse Temporal Responses to Water Availability in Setaria," *Molecular Plant* 8, no. 10 (2015): 1520-35, http://doi.org/10.1016/

j.molp.2015.06.005; Malia A. Gehan and Elizabeth A. Kellogg, "High-Throughput Phenotyping," *American Journal of Botany* 104, no. 4 (2017): 505-8, http://doi.org/10.3732/ajb.1700044; Jordan R. Ubbens and Ian Stavness, "Deep Plant Phenomics: A Deep Learning Platform for Complex Plant Phenotyping Tasks," *Frontiers in Plant Science* 8 (July 2017), http://doi.org/10.3389/fpls.2017.01190.

43 Xue Zhao et al., "Loci and Candidate Genes Conferring Resistance to Soybean Cyst Nematode HG Type 2.5.7," *BMC Genomics* 18, no. 1 (2017): 1-10, http://doi.org/10.1186/s12864-017-3843-y.

44 Jeremy Schmutz et al., "Genome Sequence of the Palaeopolyploid Soybean," *Nature* 463, no. 7278 (2010): 178-83, http://doi.org/10.1038/nature08670.

45 Barbara McClintock, "The Origin and Behavior of Mutable Loci in Maize," *Proceedings of the National Academy of Sciences* 36 (1950): 344-55; Barbara McClintock, "The Significance of Responses to the Genome to Challenge: Nobel Lecture," 1983, http://www.nobelprize.org/nobel_prizes/medicine/laureates/1983/mcclintock-lecture.html.

46 John Wihbey, "Agricultural Drones May Change the Way We Farm," *Boston Globe*, August 23, 2015, http://www.bostonglobe.com/ideas/2015/08/22/agricultural-drones-change-way-farm/WTpOWMV9j4C7kchvbmPr4J/story.html; Steve Curwood and Nikhil Vadhavkar, "Drones Are the Future of Agriculture," *Living on Earth*, August 5, 2016, http://www.loe.org/shows/segments.html?programID=16-P13-00032&segmentID=5; G. Lobet, "Image Analysis in Plant Sciences: Publish Then Perish," *Trends in Plant Science* 22 (2017): 1-8, http://doi.org/10.1016/j.tplants.2017.05.002.

47 "Improving the Human Condition through Plant Science," Donald Danforth Plant Science Center: Roots & Shoots Blog. Last modified January 6, 2015, http://www.danforthcenter.org/news-media/roots-shoots-blog/blog-item/improving-the-human-condition-through-plant-science.

48 Elizabeth Kellogg in discussion with the author, October 2017.

49 Elizabeth Kellogg, "Relationships of Cereal Crops and Other Grasses," *Proceedings of the National Academy of Sciences* 95, no. 5 (1998): 2005-10, http://doi.org/10.1073/pnas.95.5.2005.

50 Carl Zimmer, "Where Did the First Farmers Live? Looking for Answers in DNA," *New York Times*, October 18, 2016, http://www.nytimes.com/2016/10/18/science/ancient-farmers-archaeology-dna.html.

51 Jim Carrington in discussion with the author, October 2017.

52 Jia He et al., "Threshold-Dependent Repression of SPL Gene Expression by MiR156/MiR157 Controls Vegetative Phase Change in Arabidopsis Thaliana," *PLoS Genetics* 14, no. 4 (2018): 1-28, http://doi.org/10.1371/journal.pgen.1007337.

53 A. Tabb, K. E. Duncan, and C. N. Topp, "Segmenting Root Systems in X-Ray Computed Tomography Images Using Level Sets," 2018 IEEE Winter Conference on Applications of Computer Vision (WACV), Lake Tahoe, NV/CA, 586-595, http://doi.org/10.1109/wacv.2018.00070.

54 National Research Council of the National Academies, *Toward Sustainable Agricultural Systems in the 21st Century*, 2010, http://www.nap.edu/catalog/12832/toward-sustainable-agricultural-systems-in-the-21st-century.

55 Becky Bart and Nigel Taylor in discussion with the author, October 2017.

56 Donald Danforth Plant Science Center, "Campus: Donald Danforth Plant Science Center Facility," http://www.danforthcenter.org/about/campus.

57 Shujun Yang et al., "Narrowing down the Targets: Towards Successful Genetic Engineering of Drought-Tolerant Crops," *Molecular Plant* 3, no. 3 (2010): 469-90, http://doi.org/10.1093/mp/ssq016; Andrew Marshall, "Drought-Tolerant Varieties Begin Global March," *Nature Biotechnology* 32, no. 4 (2014): 308, http://doi.org/10.1038/nbt.2875; Mark Cooper et al., "Breeding Drought-Tolerant Maize Hybrids for the US Corn-Belt: Discovery to Product," *Journal of Experimental Botany* 65, no. 21 (2014): 6191-94, http://doi.org/10.1093/jxb/eru064.

58 Elizabeth Kellogg in discussion with the author, April 2018.

59 Malia A. Gehan et al., "PlantCV v2: Image Analysis Software for High-Throughput Plant Phenotyping," *PeerJ* 5 (2017): e4088, http://doi.org/10.7717/peerj.4088.

60 Todd Mockler in discussion with the author, October 2017.

61 United States Department of Agriculture, "Plant Physiology and Genetics Research: Maricopa, AZ," http://www.ars.usda.gov/pacific-west-area/maricopa-arizona/us-arid-land-agricultural-research-center/plant-physiology-and-genetics-research/.

62 Noah Fahlgren, Malia A. Gehan, and Ivan Baxter, "Lights, Camera, Action: High-Throughput Plant Phenotyping Is Ready for a Close-Up," *Current Opinion in Plant Biology* 24 (2015): 93-99, http://doi.org/10.1016/j.pbi.2015.02.006; Nadia Shakoor, Scott Lee, and Todd C. Mockler, "High-

Throughput Phenotyping to Accelerate Crop Breeding and Monitoring of Diseases in the Field," *Current Opinion in Plant Biology* 38 (2017): 184-92, http://doi.org/10.1016/j.pbi.2017.05.006.

63　Arti Singh et al., "Machine Learning for High-Throughput Stress Phenotyping in Plants," *Trends in Plant Science* 21, no. 2 (2016): 110-24, http://doi.org/10.1016/j.tplants.2015.10.015; Sotirios A. Tsaftaris, Massimo Minervini, and Hanno Scharr, "Machine Learning for Plant Phenotyping Needs Image Processing," *Trends in Plant Science* 21, no. 12 (2016): 989-91, http://doi.org/10.1016/j.tplants.2016.10.002; Pouria Sadeghi-Tehran et al., "Multi-Feature Machine Learning Model for Automatic Segmentation of Green Fractional Vegetation Cover for High-Throughput Field Phenotyping," *Plant Methods* 13, no. 1 (2017): 1-16, http://doi.org/10.1186/s13007-017-0253-8.

64　Frank Vinluan, "A.I.'s Role in Agriculture Comes into Focus with Imaging Analysis," *Xconomy*, May 2, 2017, http://www.xconomy.com/raleigh-durham/2017/05/02/a-i-s-role-in-agriculture-comes-into-focus-with-imaging-analysis/.

65　United States Department of Agriculture, Economic Research Service using data from the National Agricultural Statistics Service, "June Agricultural Survey." Last updated July 12, 2017, http://www.ers.usda.gov/data-products/adoption-of-genetically-engineered-crops-in-the-us.aspx.

66　"Adoption of Genetically Engineered Cotton in the United States, by Trait, 2000-17," http://www.ers.usda.gov/webdocs/charts/56323/biotechcotton.png?v=42565; "Adoption of Genetically Engineered Corn in the United States, by Trait, 2000-17," http://www.ers.usda.gov/webdocs/charts/55237/biotechcorn.png?v=42565.

67 FAO and IFAD, *The World Cassava Economy* (Rome: International Fund for Agricultural Development and Food and Agriculture Organization of the United Nations, 2000), http://www.fao.org/docrep/009/x4007e/X4007E00.htm#TOC.

68 "VIRCA Plus: Virus-Resistant and Nutritionally-Enhanced Cassava for Africa," Donald Danforth Plant Science Center. Last modified November 2017, http://www.danforthcenter.org/scientists-research/research-institutes/institute-for-international-crop-improvement/crop-improvement-projects/virca-plus.

69 Donald Danforth Plant Science Center, "New Cassava Potential—VIRCA—Fact Sheet," http://www.danforthcenter.org/scientists-research/research-institutes/institute-for-international-crop-improvement/crop-improvement-projects/virca.

70 Nigel Taylor in discussion with the author, April 2018.

71 A. Bucksch et al., "Image-Based High-Throughput Field Phenotyping of Crop Roots," *Plant Physiology* 166, no. 2 (2014): 470-86, http://doi.org/10.1104/pp.114.243519.

72 Donald Danforth Plant Science Center, "VIRCA Plus: Virus-Resistant and Nutritionally-Enhanced Cassava for Africa." Last modified November 2017, http://www.danforthcenter.org/scientists-research/research-institutes/institute-for-international-crop-improvement/crop-improvement-projects/virca-plus.

73 United Nations Department of Economic and Social Affairs Population Division, "World Urbanization Prospects: The 2018 Revision," 2018, http://population.un.org/wup.DataQuery.

第七章　再次绕过人口陷阱：加快融合的速度

1　Karl T. Compton, "The Electron: Its Intellectual and Social Significance," *Nature* 139, no. 3510 (1937): 229-40.

2　J. J. Thomson, "Carriers of Negative Electricity," *Nobel Lecture*, 1906, https://www.nobelprize.org/nobel_prizes/physics/laureates/1906/thomson-lecture.html.

3　Michael Riordan, "The Discovery of Quarks," *Science* 256 (1992): 1287-93; John Ellis, "The Discovery of the Gluon," *ArXiv*, 2014, http://arxiv.org/pdf/1409.4232.pdf.

4　E. Rutherford, "LXXIX. The Scattering of α and β Particles by Matter and the Structure of the Atom," *Philosophical Magazine Series* 6 21, no. 125 (1911): 669-88, http://doi.org/10 .1080/14786440508637080.

5　B. Cameron Reed, "A Compendium of Striking Manhattan Project Quotes," *History of Physics Newsletter* 13, no. 3 (2016): 8, http://doi.org/10.1016/j.chembiol.2011.05.005.

6　"Experimental Breeder Reactor-I," Idaho National Laboratory. Last modified February 8, 2012, http://www4vip.inl.gov/research/experimental-breeder-reactor-1/d/experimental-breeder-reactor-1.pdf.

7　William Edward Hartpole Lecky, *Democracy and Liberty* (New York: Longmans, Green, and Co., 1899), http://oll.libertyfund.org/titles/1813.

8　P. Sharp, T. Jacks, and S. Hockfield, "Capitalizing on Convergence for Health Care," *Science* 352, no. 6293 (2016): 1522-23, http://doi.org/10.1126/science.aag2350; Phillip Sharp and Susan Hockfield, "Convergence: The

Future of Health," *Science* 355, no. 6325 (2017): 589, http://doi.org/10.1126/science .aam8563.

9 Peter Holme Jensen in discussion with the author, September 2017.

10 Alexander H. Tullo, "Ethylene from Methane: Researchers Take a New Look at an Old Problem," *Chemical and Engineering News* 89, no. 3 (2011): 20-21.

11 Ik Dong Choi, Jae Won Lee, and Yong Tae Kang, "CO_2 Capture/Separation Control by SiO_2 Nanoparticles and Surfactants," *Separation Science and Technology* 50, no. 5 (2015): 772-80, http://doi.org/10.1080/0 1496395.2014.965257; Alison E. Berman, "How Nanotech Will Lead to a Better Future for Us All," 2016, http://singularityhub .com/2016/08/12/how-nanotech-will-lead-to-a-better-future-for-us-all/ #sm.000f3rwrf13l3epptd91m p6z4gw9y.

12 Ivan P. Parkin and Robert G. Palgrave, "Self-Cleaning Coatings," *Journal of Materials Chemistry* 15, no. 17 (2005): 1689-95, http://doi.org/10.1039/b412803f.

13 Roosevelt Institute, "Roosevelt Recession." Last modified August 19, 2010, http://rooseveltinstitute.org/roosevelt-recession/.

14 Thomas Robert Malthus, "An Essay on the Principle of Population as It Affects the Future Improvement of Society," 1798.

15 Vannevar Bush, "Science: The Endless Frontier, A Report to the President by Vannevar Bush, Director of the Office of Scientific Research and Development," Washington, DC, 1945, http://www.nsf.gov/od/lpa/nsf50/vbush1945.htm.

16　Mark Boroush, "U.S. R&D Increased by $20 Billion in 2015, to $495 Billion; Estimates for 2016 Indicate a Rise to $510 Billion," *NCSES InfoBrief*, 2017, http://www.nsf.gov/statistics/2018/nsf18306/nsf18306.pdf.

17　Stephen A. Merrill, "Righting the Research Imbalance," 2018.

18　The Science Philanthropy Alliance, "2016 Survey of Private Funding for Basic Research Summary Report," 2016, http://www.sciencephilanthropyalliance. org/wp-content/uploads/2017/02/Survey-of-Private-Funding-for-Basic-Research-Summary-021317.pdf.

19　AAAS, "R&D Budget and Policy Program: Research by Science and Engineering Discipline." Last modified September 2017, http://www.aaas.org/ page/research-science-and-engineering-discipline.

20　National Science Board, *Science and Engineering Indicators 2018*, *NSB-2018-1* (Alexandria, VA: National Science Foundation, 2018), http://www.nsf. gov/statistics/indicators/.

21　National Institutes of Health, "Impact of NIH Research." Last modified May 1, 2018, http://www.nih.gov/about-nih/what-we-do/impact-nih-research/ our-society.

22　The World Bank Group, "Life Expectancy at Birth, Total (Years)." Last modified 2017, http://data.worldbank.org/indicator/SP.DYN.LE00.IN?end=20 15&locations=US&start=1960.

23　Francis S. Collins et al., "New Goals for the U.S. Human Genome Project: 1998-2003," *Science* 282, no. 5389 (1998): 682-89, http://doi. org/10.1126/science.282.5389.682.

24 E. S. Lander et al., "Initial Sequencing and Analysis of the Human Genome," *Nature* 409, no. 6822 (2001): 860-921, http://doi. org/10.1038/35057062; J. C. Venter et al., "The Sequence of the Human Genome," *Science* 291, no. 5507 (2001): 1304-51, http://doi.org/10.1126/ science.1058040; R. H. Waterston et al., "Initial Sequencing and Comparative Analysis of the Mouse Genome," *Nature* 420, no. 6915 (2002): 520-62, http:// doi.org/10.1038/nature01262[pii]. Mark D. Adams et al., "The Genome Sequence of Drosophila Melanogaster," *Science* 287 (2017): 2185-96.

25 Yoshio Miki et al., "Strong Candidate for the Breast and Ovarian Cancer Susceptibility Gene BRCA1," *Science* 266, no. 5182 (1994): 66-71, http://doi. org/10.1126/science.7545954; Décio L. Eizirik et al., "The Human Pancreatic Islet Transcriptome: Expression of Candidate Genes for Type 1 Diabetes and the Impact of Pro-Inflammatory Cytokines," *PLoS Genetics 8*, no. 3 (2012), http://doi.org/10.1371/journal.pgen.1002552; Tiffany A. Greenwood et al., "Association Analysis of 94 Candidate Genes and Schizophrenia-Related Endophenotypes," *PLoS ONE* 7, no. 1 (2012), http://doi.org/10.1371/journal. pone.0029630.

26 National Human Genome Research Institute, "DNA Sequencing Costs: Data." Last modified April 25, 2018, http://www.genome.gov/ sequencingcostsdata/.

27 National Academies of Sciences, Engineering, and Medicine, *Triennial Review of the National Nanotechnology Initiative* (Washington, DC: National Academies Press, 2016), http://doi:10.17226/23603.

28 Cornelia I. Bargmann and William T. Newsome, "The Brain Research Through Advancing Innovative Neurotechnologies (BRAIN) Initiative and Neurology," *JAMA Neurology* 71, no. 6 (2014): 675-76, http://doi. org/10.1001/jamaneurol.2014.411.

29　Sarah L. Clark and Paula T. Hammond, "Engineering the Microfabrication of Layer-by-Layer Thin Films," *Advanced Materials* 10, no. 18 (1998): 1515-19.

30　Andrew E. H. Elia, Lewis C. Cantley, and Michael B. Yaffe, "Proteomic Screen Finds PSer/PThr-Binding Domain Localizing Plk1 to Mitotic Substrates," *Science* 299, no. 5610 (2003): 1228-31, http://doi.org/10.1126/science.1079079.

31　Erik C. Dreaden et al., "Tumor-Targeted Synergistic Blockade of MAPK and PI3K from a Layer-by-Layer Nanoparticle," *Clinical Cancer Research* 21, no. 5 (2015): 4410-20, http://doi.org/10.1158/1078-0432.CCR-15-0013.

32　David C. Mowery and Bhaven N. Sam-pat, "The Bayh-Dole Act of 1980 and University-Industry Technology Transfer: A Model for Other OECD Governments?" *Journal of Technology Transfer* 30, no. 1/2 (2005): 115-27, http://doi.org/10.1007/0-387-25022-0_18.

33　Ampere A. Tseng and Miroslav Raudensky, "Assessments of Technology Transfer Activities of US Universities and Associated Impact of Bayh-Dole Act," *Scientometrics* 101, no. 3 (2014): 1851-69, http://doi.org/10.1007/s11192-014-1404-6; National Science Board, *Science and Engineering Indicators 2018, NSB-2018-1* (Alexandria, VA: National Science Foundation, 2018), http://www.nsf.gov/statistics/indicators/.

34　U.S. Patent and Trademark Office Patent Technology Monitoring Team, U.S. Colleges and Universities—Utility Patent Grants, Calendar Years 1969-2012, 2012, http://www.uspto.gov/web/offices/ac/ido/oeip/taf/univ/univ_toc.htm.

35　Claus Hélix-Nielsen in discussion with the author, September 2017.

36 Larry Fink, "Larry Fink's Annual Letter to CEOs: A Sense of Purpose," Blackrock, 2017, http://www.blackrock.com/corporate/investor-relations/larry-fink-ceo-letter.

37 Center for American Entrepreneurship, "Immigrant Founders of the 2017 Fortune 500," accessed June 18, 2018, http://startupsusa.org/fortune500/.

38 Leigh Buchanan, "Study: Nearly Half the Founders of America's Biggest Companies Are First- or Second-Generation Immigrants," *Inc.*, December 5, 2017, http://www.inc.com/leigh-buchanan/fortune-500-immigrantfounders.html.

39 National Science Board, "Higher Education in Science and Engineering," in *Science and Engineering Indicators 2018, 2.1-109* (Arlington, VA: National Science Foundation, 2018), http://www.nsf.gov/statistics/seind12/.

40 Nick Anderson, "Report Finds Fewer New International Students on U.S. College Campuses," *Washington Post*, November 12, 2017, http://www.washingtonpost.com/local/education/report-finds-fewer-new-international-students-on-us-college-campuses/2017/11/12/5933fe02c61d-11e7-aae0-cb18a8c29c65_story.html.

41 Hironao Okahana and Enyu Zhou, *International Graduate Applications and Enrollment: Fall 2017* (Washington, DC: Council of Graduate Schools, 2018).

42 Bianca Quilantan, "International Grad Students' Interest in American Higher Ed Marks First Decline in 14 Years," *Chronicle of Higher Education*, January 30, 2018, http://www.chronicle.com/article/International-Grad-Students-/242377.

43　United Nations Department of Economic and Social Affairs Population Division, "World Urbanizaiton Prospects—The 2018 Revision," 2018, http://population.un.org/wup/DataQuery.

44　Ted Nordhaus, "The Earth's Carrying Capacity for Human Life Is Not Fixed," *Aeon*, July 5, 2018, http://aeon.co/ideas/the-earths-carrying-capacity-for-human-life-is-not-fixed.

45　Phillip A. Sharp, "Split Genes and RNA Splicing," *Nobel Lectures*, 1993, http://www.nobelprize.org/nobel_prizes/medicine/laureates/1993/sharp-lecture.pdf.

The Age of Living Machines: How Biology Will Build the Next Technology Revolution by Susan Hockfield
Copyright © 2019 by Susan Hockfield

著作权合同登记号：图字 18-2021-3

图书在版编目（CIP）数据

生命科学：无尽的前沿 /（美）苏珊·霍克菲尔德（Susan Hockfield）著；高天羽译 . -- 长沙：湖南科学技术出版社，2021.11
ISBN 978-7-5710-0862-8

Ⅰ.①生… Ⅱ.①苏…②高… Ⅲ.①生物工程
Ⅳ.① Q81

中国版本图书馆 CIP 数据核字（2020）第 235019 号

上架建议：趋势·生物科技

SHENGMING KEXUE: WUJIN DE QIANYAN
生命科学：无尽的前沿

作　　者：［美］苏珊·霍克菲尔德（Susan Hockfield）
译　　者：高天羽
出 版 人：张旭东
责任编辑：刘　竞
监　　制：吴文娟
策划编辑：黄　琰
特约编辑：李甜甜
版权支持：张雪珂　文赛峰
营销编辑：闵　婕　傅　丽
封面设计：仙境设计
版式设计：李　洁
出　　版：湖南科学技术出版社
　　　　　（长沙市湘雅路 276 号　邮编：410008）
网　　址：www.hnstp.com
印　　刷：三河市鑫金马印装有限公司
经　　销：新华书店
开　　本：700mm×995mm　1/16
字　　数：154 千字
印　　张：16
版　　次：2021 年 11 月第 1 版
印　　次：2021 年 11 月第 1 次印刷
书　　号：ISBN 978-7-5710-0862-8
定　　价：58.00 元

若有质量问题，请致电质量监督电话：010-59096394
团购电话：010-59320018